谷口少年、天文学者になる

谷口少年、天文学者になる

銀河の揺り籠＝ダークマター説を立証

谷口義明

海鳴社

目次

はじめに

私の職業は天文学者です。大学教員といってもよいのですが、大別すると「学者」あるいは「研究者」というカテゴリーに入るのだと思っています。つまり、研究成果を出すことを生業としているわけです。

本書を手にされた方にはさまざまな動機があると思います。

「学者とは、いったいどんな仕事をしているのか?」
「学者のライフスタイルはどんなものなのか?」

おそらく、「学者」という職業に好奇心をもたれたのだと思います。本書を読めば(「谷口義明」という一天文学者の〝極私的《きょくしてき》〟ヒストリーとライフスタイルではありますが……)、学者の生活の一端を垣間みることができると思います。

一方、

「学者になりたいが、どうしたらよいか？」

こんな風に将来の進路希望をもちながら、それを現実につなげる方途がわからず踏み迷っている方もおられると思います。そのような方々には、本書を進学・就職ガイドのひとつとして読んでいただければと思います。

本書は、皆さんが学者に関しておもちの疑問について、私の経験や知っていることをお伝えする書物です。皆さんのニーズに合わせて楽しんで頂ければ幸いです。

二〇一五年 一〇月　四国・松山にて

谷口義明

第一部

なぜ、天文学者を目指したか？

1・1　子供心に浮かぶ将来の夢

少年時代の憧れ

子供の頃、

「将来、何になりたいの？」

「あなたの夢は？」

といった問いを、皆さんも誰からとなく投げかけられたことだろうと思います。夢というよりは、憧れている仕事かもしれません。したがって、テレビも含めて、自分たちの目で見たことのある職業が対象になります。

たとえば、初めてバスに乗ったとき、バスの大きさに驚くと思います。自分の家にある車の数倍の大きさです。たくさんのお客さんも乗っています。そのバスを自在に操る運転手さんの姿を見て「バスの運転手になりたい」と思う人がいると思います。

また、テレビで歌手や俳優が活躍する姿を見て憧れるケースもあります。「百聞は一見に如《し》かず」で、見て憧れるということが、そのままストレートに子供の夢につながっていくわけで」す。

私の場合はどうだったかというと、まったく別な動機で夢を決めていたふしがあります。なにしろ、小学校の卒業文集に書いた私の夢は「考古学者」でした。考古学者に知り合いはいませんし、実際に会って話をしたこともありませんでした。しかし、なぜか考古学者になりたいと思っていた時期があったのです。

しょせん、小学6年生の考えることなので、確たる現実感の裏付けがあってそう考えていたわけではありません。しかし、とにかく何か文集に書かなければならないというさし迫った事情から、「考古学者」と書いたのだと思います。

将来の夢を真剣に考えていたかどうかは、今となっては記憶はあいまいですが、漠然と学者になりたいと思っていたことは確かです。周りの友達をざっと見渡してみても、学者になりたいという人はみかけなかったので、周りには風変わりな夢と映ったかもしれません。実際、友人のK君が語った夢は「公務員」でした。あまりにも実現性の高い夢であり、不思議に感心したことを思い出します。

じつは、もう一つあこがれていた夢がありました。それは「昆虫学者」です。昆虫採集が大好きな昆虫少年だったためです。

では、私がなぜ小学生時代に、考古学者や昆虫学者に興味を抱いたのでしょうか？　少し、振り返ってみましょう。

考古学者

そもそも考古学に関心をもったのは友人T君の影響でした。

「鏃《やじり》の発掘に行くけど、一緒に行かない？」

と誘われたのがきっかけです。

当時、私は北海道の旭川市に住んでいました。

北海道と言えばアイヌの故郷です。旭川市の郊外には石狩川沿いの景勝地として名高い神《カム》居古潭《イコタン》があります。「神の住む場所」という意味です（アイヌには文字がなく、物事の伝承は口伝《くでん》でした。この漢字名は、本土から和人が入植後、音がアイヌ語の音に似たものを選んで当てはめたもの。「神居古潭」はアイヌ語の意味をみごとにとらえた漢字表記と言っていいでしょう。それればかりか、ふくよかな詩情をかもしてさえいます）。少年でなくても、あこがれる場所です。旭川市内の小高い丘などには遺跡もあります。どこから聞きつけてきたのか、T君はアイヌの遺跡の発掘会に参加しようとしていたのでした。

いっしょに出かけてみると、結構な数の人が参加しているので、驚きました。発掘の方法は人海戦術的なもので、20人ぐらいが横一列に並んでしゃがみ込み、鏃などがないかどうか確認しながら移動していくのです。

やり始めると、私の横にいるT君は時々鏃やそのかけらを発見するのですが、私の方はさっぱりです。そして一日が終わる。〝骨折り損のくたびれもうけ〟でした。

「どうも、発掘は私には向いていないようだ」

正直、そう思ったものでした。

しかし、このような体験は心に何がしか消えることのない印象を刻み込むものです。私が言いたいことはこうです。つまり、新鮮な体験が知らず知らずのうちに将来の夢をはぐくみ、本人がそれへと向かう動機付けをすることがおうおうにしてある、ということです。

旭川には、もうひとつ、考古学への憧憬《しょうけい》を誘うような場所がありました。それは旧「旭川市郷土博物館」（現在は、移転後再建され、「旭川博物館」と改称されている）です。この博物館は、著者が通っていた小学校から徒歩で数分の場所にありました。小学生時代の記憶は定かでありませんが、中学生になってからは入館料10円を払った記憶があります。おしゃれな洋風建築の建物（**図1**）で、私たちは「偕行社《かいこうしゃ》」と呼んでいました[1]。建物の前には池もあり、公園のようになっていたので、私たちにとっては格好の遊び場でした。

注1　もともとは旧陸軍が将校たちの社交の場として建設した建物。旭川市郷土博物館として使用されたのは1992年までで、現在は大正時代の日本の代表的彫刻家のひとりだった中原悌二郎を記念する旭川市彫刻美術館になっている。隣には昭和の文豪・井上靖の記念館もできたので、ぜひ訪れてみていただきたい。

郷土博物館の中は、郷土の歴史のジャングルのようなもので、アイヌの歴史、屯田兵の歴史、化石、動物の剥製など、北海道にまつわるたくさんの資料が展示されていました。

博物館の展示物は、私たちを過去に誘《いざな》い、それ以後今日までの時間とその間の歴史を思い起こさせ、将来にまで想像力を羽ばたかせてくれるものです。つまり、過去に学び、未来を考える場所ともいえます。

歴史という言葉の方がマッチするのかもしれませんが、過去を探る考古学に対する憧れが、そこで育まれたのだと思います。

昆虫学者

昆虫学者への憧れの発端は、もっ

図1　旧旭川偕行社（現・中原悌二郎記念旭川市彫刻美術館）　著者が小学生の頃は,もっと古びた感じの建物だった.現在の勤務地・愛媛県松山市には歴史を感じさせる洋館・晩翠荘がある.

と直接的なものです。なぜなら、小学校に入った頃から昆虫採集への興味が芽生えていたからです。

この趣味は近くに住んでいた従兄弟の影響が大でした。従兄弟は私の母の兄の息子に当たる人ですが、非常に頭の回転が速く、何事にもどっしりと構えて対応するタイプの秀才でした。

おのずから、昆虫採集もかなり本格的でした。蝶をターゲットにしていましたが、まず捕虫網が違いました。近所の小さなお店で売っているようなものではなく、プロの採集家が使うような本格的な網でした。

「よっちゃん（私の名前が「義明《よしあき》」なのでこう呼ばれていました）も、こういう網を使いなさい」

ひとわたり網の説明が済むと、こんどは採集した蝶の取り扱い方法です。翅《はね》をいためないように細心の注意をはらい、蝶を気絶させます。その後、パラフィン紙製の三角紙に包み、三角箱に入れ、保管します。

三角箱はなぜか革製で、なかでもズボンのベルトにくくり付けておけるタイプのものが便利だということまで教わりました。

説明は、家に帰ってからの作業にも及びます。

「蝶の翅をきれいに整えるための作業です。展翅《てんし》テープとピンで、展翅板《てんしばん》に蝶の翅を美しくセットしていくのです」

「なるほど、こうしてきれいな標本ができるのか」

と感心したものです。

大型のアゲハチョウになると、展翅に1週間は要します。昆虫のからだを乾燥させるのです。こうしてようやく、標本箱に収められるわけです。

蝶を集める大変さはありましたが、道具では捕虫網から標本箱まで、作業においては蝶の採集から標本化まで、従兄からこと細かに手ほどきを受けたおかげで、中学生になってもこの趣味は続きしました。

蝶の採集に興味をもっていた子供はたくさんいますが、そこからいきなり昆虫学者に憧れることはあまりなかったと記憶しています。おそらく『ファーブル昆虫記』[2]などの書物を読み、

「蝶を相手にして暮らせたら楽しいだろうな」

と想像していた友だちが大部分だったろうと思います（**図2**）。ブッキッシュなファーブル・ファンと言っていいでしょう。みずから野生の昆虫の行動や生態を観察したりする域にまで進む仲間が増えるといいのですが……。

注2　オリジナルな書名は『昆虫記』だが、日本では『ファーブル昆虫記』として親しまれている。フランスの生物学者であるジャン＝アンリ・ファーブルによるもので、全10巻からなる大作。

蝶の美しさに魅せられたことが直接の動機付けになっていることは確かですが、書物がさらにその動機を強化したといえます。将来の夢は、私たちの五感を通してさまざまな形で育まれるのだと思います。

ちなみに、ファーブルは植物についても優れた観察記を出版しています。フランスで出版されたときの書名は『薪《まき》の話』です。翻訳は以下で読むことができます。

図2　現在所蔵している岩波文庫の『ファーブル昆虫記』　残念ながら欠巻がある．子供の頃は，岩波文庫ではなく，絵本のようなものを読んだ記憶がある．文庫の両側の，昆虫記を挟んで寝かせてある革装の書物様のものは，本を模したアンティーク風なもの入れ．ここではブックエンドの代用品．

『ファーブル植物記（上・下）』
日高敏隆・林瑞枝訳（平凡社ライブラリー版、２００７年）

理科少年は図鑑で育まれる

考古学者にしろ、昆虫学者にしろ、なにか具体的な仕事のイメージがあったわけではありません。研究という言葉の意味もおそらくは理解していなかったと思います。勉強の延長のような感じで、学者というものを、単に美化してイメージしていただけなのでしょう。

ただ、ひとつ大切なキーワードがあるように思います。それは「発見」です。考古学の場合は遺跡や鏃などの発見。蝶の場合は、もちろん珍しい蝶です。新種だったら言うことはありません。

今まで誰も見つけていなかったもの。それを一番乗りで発見する。その喜びを感じてみたい。案外これが、私の学者に対する憧れの源流なのかもしれません。

生物学者の福岡伸一さんも、その昔、昆虫少年だったそうです。その彼をしてこう告白させています。

「私は、まだ誰も見つけていない新種の虫を発見することを切望していました」（福岡伸一著『福岡ハカセの本棚』メディアファクトリー新書、２０１２年）

この一文を読んで、私も子供の頃、こう思っていたのだと確信しました。旭川の野原を、捕虫網を持って駆け回っていたのは、きっと新種の蝶を探していたのでしょう。

福岡さんが最初に心奪われた本は、中原和郎・黒沢良彦著『原色図鑑 世界の蝶』（北隆館）だったそうです。私の場合は川副昭人・若林守男著『原色日本蝶類図鑑』（保育社）（**図3**）でした。「なんと、似た者同士であることよ！」と驚いたものでした。飽きもせずにこの図鑑を眺め、この図鑑に載っていない蝶を探したいと思っていました。福岡さんと同じもくろみをもっていたのです。

知識欲とは違います。発見欲と言えば

図3　保育社から出版された『原色日本蝶類図鑑』　昭和 29年発行の初版本で，松山市の古書店で買い求めたもの．

よいのでしょうか？　あるいは、まだ誰も見たことのないものを見るという意味では、独占欲に近いのかもしれません。いずれにしても、この種の欲にかられるのは私だけではなく、世の中にそれなりにいるということです。

ちなみに『ファーブル昆虫記』の翻訳でも有名なフランス文学者の奥本大三郎さんが、大学入試で大阪から上京してきた時に真っ先に神田の古書店で探したのが平山修次郎著『原色千種昆蟲図譜』（三省堂、１９４０年）と加藤正世博士の『趣味の昆虫採集』（三省堂、１９３０年）だったそうです（奥本大三郎著『本を枕に』集英社文庫、１９９８年）。

これら2冊について奥本さんはこう語っています。

「いずれも戦前に三省堂から出たもので、小さい頃私は他人《ひと》から借りて飽かず図鑑を眺め、説明の文章を読んだ、いわば私にとって大恩のある書物である」

奥本さんは『書斎のナチュラリスト』（岩波新書、１９９７年）の〝譜〟の項で、図鑑の楽しさを語り尽くしています。

こうしてみると、図鑑に育てられた子供は、私が想像する以上に多いのかもしれません。

天文学と出会う

中学3年生の頃、私はさらに1冊の運命的な雑誌に出会います。「天文ガイド」です。今でも誠文堂新光社が刊行している月刊誌で、私が最初に手にしたのは、1969年の7月号でした。

正直言って、このときまで私は宇宙の話とか天文学の話題とかにはほとんど関心がありませんでした。

「夜は暗いので怖い。毎晩満月ならいいのに……」

そんな風にさえ思っていた少年でした。

しかし、まったく偶然の機会から、天文学と私の出会いが訪れました。

私の劇的な〝精神のドラマ〟を演出したのは、友人のO君がページをめくっていた天文雑誌の「天文ガイド」でした。そのページを飾っていた美しい天体の写真が私の心を完全にとりこにしてしまったのです。

天文ファンのO君は休み時間が来るたびに、飽かずその雑誌を読んでいました。たまたまそこを通りかかった私の目にその雑誌の1ページが飛び込んできた、というわけです。

とりあえず、ひと晩、その雑誌をO君から借りることにしました。帰宅して拝借してきた「天文ガイド」の号を眺めてみると、やはりそれなりの性能の望遠鏡におさまった天体のえも言われない美しさに、しばしうっとり見とれるのでした。

星雲や銀河の数々。

そこには私がそれまで知らなかった世界が広がっていました。

翌日、さっそく書店に行き、「天文ガイド」を手に入れたのは言うまでもありません。すでに月が改まり、号も1号進んでしまっていました。具体的に言えば、陳列棚に並んでいたのは69年の8月号でした。

この「天文ガイド」は、私にもう一つのプレゼントをくれました。

その雑誌を手にしたとき、なんだか、胸がわくわくしたのを今も覚えています。

いきなりで恐縮ですが、その号には、当時木星のスケッチで名をはせていた仙台市天文台の小石川正弘さんが紹介されていました。

いささか因縁話じみた話になりますが、私はのちに東北大学に入学し、小石川さんと面識を得ることになりました。こうしてみると、二人の間には1冊の「天文ガイド」がとりもってくれた、何か運命的なつながりさえ感じます（天文学者が運命論を語ることの是非については、いろいろな意見もおありだろうとは思われますが……）[3]。

注3　小石川正弘氏はその後、65個もの小惑星の発見（うち自らの命名は19個）や超新星の発見でも有名になった方だが、著者と正弘氏との〝奇しき縁《えにし》〟ともいうべき話をもう一つ紹介しておこう。正弘氏のご令兄は仙台市郊外、仙山線愛子《あやし》駅と陸前落合駅をほぼ等距離に見込むところに位置する曹洞宗の名刹、安養寺の住職をされていた方（そのようないきさつと、正弘氏の申し出もあって、安養寺には墓地の一角を転用して仙台市天文台愛子観測所が設けられて

いるというエピソードがあるが、一般にあまり知られていない)。著者と住職とは、今では珍しくもない炉端焼き形式の居酒屋の正真正銘の元祖「炉ばた」(仙台市国分町)で顔なじみの客同士という間柄で、著者は住職を、敬意と親しみを込めて〝小石川僧正〟と呼んでいた。〝僧正〟が他界された折、愛子までお通夜に出かけると、そこには正弘氏の顔があった。意外な出会いに正弘氏は、「あれ、先生、なんでまたここに?」
「じつは、お兄さんとは『炉ばた』の飲み友達でして……」
「うーむ、兄貴は顔が広いなあ……」
仙台が、そこそこの規模の学園都市だったからこその出会いだった。

天文学への誘い

さて、私が天文学者を目指した話に戻りましょう。O君のおかげで、私は宇宙への関心が芽生えていきました。

「宇宙はどうなっているのだろう?」

当時、宇宙について学校で習うことはほとんどありませんでした。日の出や日の入りのこと、月が地球の周りを回っていること、地球が太陽の周りを回っていること。本当に限られたことだけでした。宇宙全体に関する話は一切ありませんでした。

それまで、宇宙には関心がなかったので、宇宙のことを知らない自分でもしようがないと思いました。しかし、ひとたび宇宙に関心を抱き始めると、ささいな事柄でも気になるものです。

けっきょく、
「宇宙はどうなっているのだろう?」
この疑問に戻ります。

＊　＊　＊

月刊誌の「天文ガイド」から得られる知識は限られています。そこで、とりあえず書店に行って、宇宙関係の本を探してみることにしました。

ところが、書棚を行きつ戻りつして探してみても、宇宙関係の本はなかなか見つかりません。そうこうしてようやく見つけ出したのが岩波新書の畑中武夫著『宇宙と星』でした(**図4**)。

「見つけた!」

まさに、そういう気持ちでした[4]。

注4　高校時代までに旭川で入手できた天文学の入門書は、他には古在由秀著『天文学のすすめ』(講談社現代新書、1966年)と海部宣男著『銀河から宇宙へ』(新日本新書、1972年)の2冊のみだった。

今では、書店の自然科学の書棚には宇宙関係の本があふれていますが、半世紀前は自然科学といえば物理学や化学が主流で、書店の書棚もこれらの分野の書物が幅を利かせていたものでした。宇宙に関する本は片隅に追いやられ、探し出すことが難しい時代だったということです。

ちなみに、今のように天文や宇宙に関する書籍が、市中の書店に数多く出回り出したのは、米国のアポロ計画により人類が初めて月面に立ち、人々の関心が宇宙に向き出してからと言ってよいでしょう。

私が最初に就職したのは東京大学東京天文台で、１９８６年のことでした。畑中先生は私が生まれる1年前の53年に東京大学の教授に、57年には東京天文台天体電波部の部長職に就いた方です。

惜しくも49歳という若さで他界されましたが、当時の日本の天文学を牽引していた先達の書いた『宇宙と星』は、珠玉の名著とも言うべき1冊でした。

図4　畑中武夫著『宇宙と星』（岩波新書、1966年）　私の愛蔵版は1969年の第24刷で，昭和45年（1970年）8月3日に購入した記録が残っている．夏休みに書店まで出かけて求めたものとみえる．

いまでも私のオフィスの本棚にありますが、中学生だった私が、繰り返し、繰り返し、この本のページをめくっていたのを昨日のことのように思い出されます。

「宇宙はなんと壮大なことか！」

そのときまで宇宙に関心がなかった自分を腹立たしくさえ思ったほどでした。

こうして『宇宙と星』と月刊雑誌の「天文ガイド」だけを頼りに、北の国・旭川の中学生だった私は、宇宙へのあこがれをふくらまし、知識をたくわえていきました。そんなとき、ふとひとつのアイデアが私の脳裏に浮かびました。

「私は天文学者になるべきかもしれない」

そう思ってしまったのです。

適性テスト

きっかけは、中学1年生の頃に実施された適性テストでした。ひょっとしたら、小学6年生の頃だったかもしれません。そのぐらい、記憶が不鮮明な頃の話ですから、以下の話はアウトラインだけ押さえていただければ結構です。

いずれにせよ、「天文ガイド」に出会うはるか以前のことです。

とにかく、○×形式でさまざまな質問に答えていくタイプの試験でした。採点結果によって、どのような職業が向いているかを教えてくれるようになっていました。

問題はその結果です。なんと適正職業の項目リストの中に「天文学者」があったのです。他の適性職業は忘れてしまい、「天文学者」が入っていたことだけを覚えています。理由は簡単です。当時、私は天文学者という職業を知りませんでした。知りもしない職業が唐突に出てきたわけです。それだけの理由で、私の記憶に残ったのだと思います。

「天文学者？？？　何なんだ、これは……」

じつは、これが私の偽らざる感想でした。当然です。なにしろ、その頃、私はまったく天文学に関心がなかったからです。

ただ、このことを思い出すと、少し不思議な感じはしました。

「適性テストの結果が、なぜ、天文学者だったのか？」

「なぜ、いま、天文学に関心をもち始めたのか？」

「大人になったら、私は何をやりたいのか？」

いろいろと疑問が湧き上がり、渦巻いていたことを覚えています。しかし、それはまだ中学生になったばかりの頃のことでした。

天文学に関心が芽生えたとはいえ、将来の職業と結びつけて天文学を考えるまでには、まだ時間的余裕があるように思っていました。何しろ、仕事というものが何か、がよくわからなかった時分でしたから……。

旭川東高校天文部

そうこうしているうちに、高校への進学が決まりました。入学したのは北海道立旭川東高等学校です。

当時は、札幌南高等学校に次ぎ、道内ナンバー2に数えられた進学校でした。私は無事この高校に合格し、雲のない夜は入学祝いに買ってもらった小さな望遠鏡[5]を、惑星や星雲に向けて楽しんでいました。遠回りをした末の、天文少年グループへの仲間入りでした。高校には天文部があり、早速、入部しました。

注5　ケンコー（現・ケンコー・トキナー）製で、口径9センチメートルの反射望遠鏡。いまも、自宅の押し入れの奥にしまってある。

天文部の歴史は浅く、私たちの学年で9期目を迎えたばかりでした。先輩方はさすが天文の知識は豊富でした。また、天体写真に凝っている人もいました。天文に関する話題で会話できる仲間ができたのは大きな喜びでした。

1年生には、欠かせない日課がありました。太陽黒点のスケッチです。晴れている限り、昼休みには必ずやることになっていました。スケッチに使う望遠鏡は、天文部で〝国宝〟と呼ばれていた、口径9センチメートルの反射望遠鏡でした。

私のもっていた望遠鏡と口径は同じでしたが、性能は段違いで、〝国宝〟の名にふさわしい星像を結んでくれる、素晴らしい望遠鏡でした。その望遠鏡の反射鏡は、明治期日本の望遠鏡用反射鏡研摩の先駆けで、〝鏡磨きの名人〟の異名をとった中村要《なかむらかなめ》氏が手磨きされたものでした。その後、反射鏡の研磨の世界にはもうひとり、〝研磨の神様〟とも呼ばれる名手が登場しました。浄土真宗木辺派本山錦織寺《きんしょくじ》の門主《もんしゅ》という僧職にありながら反射鏡研磨の世界にも名をとどろかせた木辺《きべ》成麿《しげまろ》氏です。京都大学花山天文台の60センチメートル鏡の主鏡を磨いたことでも知られる人です。

中村要氏はこの木辺氏の師匠に当たる人だったのでした。かの9センチメートル鏡には、〝国宝〟の呼称こそがぴったりではありませんか。

天文部には、〝国宝〟については次のようなエピソードが伝えられていました。

1963年7月21日に北海道の網走で皆既日食があったとき、東京天文台（現・国立天文台）の観測隊が網走に派遣された。無事任務を終えて帰京する途中、観測隊は旭川に立ち寄り、旭川東高校に9センチメートル反射望遠鏡を寄贈した。

モスグリーンの鏡筒、真鍮《しんちゅう》製の高度支持棒、そしてゆるくカーブした木製の三脚。9センチメートル反射望遠鏡は、〝国宝〟の呼称にふさわしい、美しい風情を漂わせた望遠鏡でした（その望遠鏡の状態が今も当時のままかどうかは確認していません）。

こうして、天文部の仲間との触れ合いを通じて得られた天文学の知識のおかげで、私の天文熱はいやが上にも高まっていきました。しかし、そのことと将来どのような職業に就くかとが、直接結びつくことはありませんでした。高校生ともなると、憧れや単なる夢と、現実の職業とは別ものだということがわかってくるからです。したがってその帰結として、その職業に対して抱くビジョンにもとづき、大学をどうするかも考える必要がありました。

どの大学に行くか？

どの学部に行くか？

どの学科にするか？

受験するには、受験先のディテールを決める必要があります。

私の場合は、天文熱が高じていながらも、高校に入学する頃には、大学は法学部にしようかと思い始めていました。当時、頭にあった職業は弁護士でした。

「では、小中学校時代の『学者になる夢』はどこへ？」

そう聞かれそうですが、やはり現実的な職業を考え始めていたということです。

私より一世代前の人たちの職業観を表す言葉に、

「末は博士か大臣か」

というものがありました。

「博士」は、まさに「学者」を指しています。「大臣」は、広く解釈すれば「政治家」を指していると言ったところでしょう。

それに対して、私が高校生の頃に人気が高かった職業は、

「医者か弁護士」

といった感じでした。

収入の多い少ないを基準にしてのランキングだと思います。収入は高いにこしたことはありませんが、それは措くとして、当時、成績優秀な人は医者を目指す傾向が強く、実際、私の友人にも医学部志望者がかなりいたのは事実です。私は弁護士が念頭にあったため、医者を目指すことは考えませんでした。

決断の時

高校2年生の冬が訪れ、最終的に進路を決めなければならない時期が迫ってきました。弁護士志望に努力の多くを傾注しながらも、その一方で天文学をやってみたいという気持ちもまだどこかに、消し去り難く残していました。

天文学をやるなら学部は理学部を選ばなければなりません。入学試験で志望を法学部から理学部へ切り替えることになるので、かなりの冒険です。しかし、大切なのは大変かどう

うことです。

かではありません。

要は、弁護士を目指すのか、天文学者を目指すのか？　その選択の岐路に立っていたということです。

そこで、私は視点を変えて考えてみることにしました。

「大学は、学部のコースなり大学院までのコースなりを一度終えれば、再び大学に入学することはしないものです。それなら、いちばん学んでみたいことに挑戦してみる方がいいのではないだろうか？」

つまり、いちばん関心のある天文学者の道を目指すか、自分の最大の関心事はがまんして、収入が保証される弁護士の道を目指すのか。どちらを目指すにせよ、さしあたり「何を学んでみたいか？」を考えてみるということです。結論を先送りしているだけのようにも思えますが、大学を選ぶ以上、やはり自分の知識欲はどこに向かっているのかを重視すべきではないでしょうか。

ということで私は悩みました。１ヵ月近くは悩んだでしょうか、なんとか結論が見えてきました。

「天文学者を目指すことになるかどうかはわからない。ともかく、大学では自分の最も興味のある天文学を学んでみよう」

この選択が導き出す結果の吉凶は、高校2年生の私にわかるはずもありません。

「やるだけ、やってみよう」

これが偽らざる気持ちでした。

しかし、ことは重大です。

いったん決めかかっていた弁護士の道を目指すとしたら、私は北海道大学の法学部に行くつもりでした。札幌は身近な町です。北海道の中心ですし、親戚もいます。ところが、北海道大学では天文学を学べません[6]。天文学を学べる大学を探す必要がありました。

注6　現在では、北海道大学理学部物理学科の中に宇宙物理学講座があり、天文学を学ぶことができる。じつは、私が受験する時にも物理学科に宇宙物理学の理論で高名な坂下志郎教授がいた。しかし、私が探していたのは物理学科ではなく天文学科だったため、気がつかなかったのだ。

気がついてみると、日本で天文学を学べる大学があるのか、といった基本的なことさえ知らずに、自分の進路を踏み迷っていたのでした。愕然としましたし、こっけいでさえありました。

受験競争の渦から遠く離れた地方の高校生の進路選択は、多かれ少なかれこのようなものでした。

そこであらためて原点に戻り、全国の大学の案内書にあたることから始めました。受験産

業の老舗が出している大学案内のたぐいを眺めて、天文学を学べる大学が北から

東北大学理学部天文学及び地球物理学科第一[7]

東京大学理学部天文学科[8]

京都大学理学部宇宙物理学科

の三つしかないことに、再び衝撃を受けました[9]。旭川から最寄りの大学は仙台市にある東北大学だったため、いちばん無難であろうと思いました。東京大学や京都大学に比べれば、難易度も低いとも思いました。

注7　当時は天文学及び地球物理学科第一が天文学科で、天文学及び地球物理学科第二が地球物理学科だった。現在はそれぞれ天文学科と地球物理学科として独立している。

注8　国内初の天文学を学べる学科が設けられた大学はやはり東大だった。当時の学科名は星学科だった。

注9　現在では、北海道から九州までたくさんの大学で天文学や宇宙物理学を学ぶことができるようになっている。たとえば私の勤務する愛媛大学には、先端研究・学術推進機構の先端研究推進会議の下に「宇宙進化研究センター」が設けられており、また理学部物理学科には「宇宙物理学コース」（天文学科と同じ）がある。［関連情報サイト］http://phyas.aichi-edu.ac.jp/~sawa/2009_1.html（愛知教育大学教育学部・沢武史特任教授まとめ（２００９年版））

「東大と北大の中間で、東北大」安易ですが、あまり悩みませんでした。

S先生との出会い

天文学を学べる大学のチェック作業が済んでも、まだやるべきことが残っていました。親への相談と、担任教師に意見を聞いてみることでした。

自分の「天文学志望」について親に相談してみると、驚きはしたものの、

「好きにしたらいい」

の返事が返ってきて、ほっとしました。私が天文に〝首ったけ〟なのをとうに見抜いていたらしいのです。

次に、担任のS先生はじめ、職員室の〝関門〟は高かった。

「うーむ、……」

と言ったきり、黙りこくってしまいました。先生の隣には英語担当のY先生がいました。そのY先生が横合いからこう口を切りました。

「どうやって、飯を食うつもりなの？」

つまり、

「就職は大丈夫なのか」

の指摘でした。

このもっともな質問に、私も自問してしまいました。

「果たして、天文学者として生活することができるのだろうか?」

もちろん、この件に関して、当時の私には何のアイデアもありませんでした。

そして、S先生がおもむろに口を開きました。

「谷口、お前はもう文系のクラスに決まっているんだよ」

私がこの相談ごとをもち込んだのは高校2年生の冬休みが明けて間もない、もうじき3年生になろうかという時期です。私たちの高校、北海道立旭川東高等学校は3年生になると、文系と理系のクラスに分かれることになっていました。受験対策シフトに入るということです。

このS先生の言葉は私の頭を直撃しました。しかし、タイミングを考えれば当然のことでした。くつがえすことの難しい決定が下っていたのでした。

文系のクラスにいて、理系の学部を受験するというのは、無謀のそしりをまぬかれません。

「しかし、そうするしかない」

そう思い、職員室を後にしました。

数日後、S先生から呼び出しがありました。職員室に行ってみると、私を待ち受けていた言葉は意外でした。S先生の言葉はこうでした。

「谷口。俺が間違ったことにした。だからお前は理系のクラスに入れることになった」

私はそれを聞いて、あ然としました。

S先生の話によれば、

「谷口は理系クラスを志望していたが、提出書類に転記する際に、俺が谷口の名前を間違って文系のクラスのリストに記載してしまったことにした」というのです。

これは教師にしてみれば不手際であり、おそらくS先生は何らかの処分の対象になったと思われます（この件について、私は今日まで確認を取っていませんが……）。

そこまでして、私のわがままを聞き入れてくれたことに、本当に頭が下がりました。私が言葉にできたのは、

「ありがとうございます。頑張ります」

だけでした。

これで、東北大学理学部の受験は私一人のものではなくなりました。

＊　＊　＊

S先生は一見、大変ぶっきらぼうな方で、クラス担任とは言え、クラスの生徒と親密に話をするような方ではありませんでした。しかしそれは表面でそう装っていただけで、実際は、とても生徒思いの教師だったということです。

もし、S先生が私の担任でなかったら……。そのときは、天文学者としての私はいなかっ

たはずです。

文系志望から理系志望へ

高校2年の終わりにもなって、文系から理系に転向する。これは、あまり賢い選択とは言えません。高校に入学した頃から、きちんと将来について考え、プラン通りに地道に努力していく方がいいに決まっています。

私の文系から理系への転向の場合はどうだったかと言えば、予想に反してスムーズにことが運びました。それは、当時の国立大学の受験システムが幸いしたからでした。その辺の事情を見ておきましょう。

現在では文系と理系で、受験科目にはかなり差がありますが、私が受験した当時は、国立大学の各科目の配点は以下のようになっていました。

文系

国語	120点
数学	120点
理科	60点

社会　120点
英語　120点

理系
国語　120点
数学　120点
理科　120点
社会　60点
英語　120点

比較すればわかるように、違いは理科と社会の点数配分が逆になっているだけです。
理科と社会には以下の科目が含まれています。

理科：物理、化学、生物、地学
社会：世界史、日本史、地理、倫理社会

理系の場合は理科4科目のうち2科目を選択し、社会の中から1科目を選択します。文系は選択科目数が逆転します。つまり、違いはたったこれだけなのです。

「大学生たるもの、オールラウンド・プレーヤーたるべし」

そういう気概があったのかもしれません。

そう言えば、当時の大学は、入学して最初の2年間は教養部で、人文・社会・自然科学を広く学ばされていました[10]。

注10 かつてあった日本の大学の「教養部」は、古くはギリシャ・ローマ時代に遡る「自由七学科」と呼ばれる、知にあずかれる階層の人間が備えるべき基本的素養の習得の制度や、それを取り込みつつ、その地域・地域、その時代・時代に適合した形に変えてきた、18世紀以来のアメリカで導入されたリベラルアーツ教育の制度を受け継いだもの。リベラルアーツとは、人文科学、社会科学、および自然科学の基礎分野のことをいう。日本では、リベラルアーツ教育は最初、旧制高校で行われていたが、その後、大学の教養部に引き継がれた。日本の大学の教養部は1994年度をもって廃止されたので、現在ではリベラルアーツ教育を行う場がなくなってしまっている。私は、教養の乏しい学生が次第に増えてきているのは、この影響だと感じている。この件については次の本が参考になる。『教養主義の没落 ― 変わりゆくエリート学生文化』竹内洋（2003年、中公新書）。

「古きよき時代」とも言えますが、私の場合はそのような制度の恩恵をこうむった世代なわけです。もし、近年のように、受験科目とそれらの配点とに極端な文系・理系シフトがあったら、転向は無理だったでしょう。

ただ、この転向が上手くいった要因は他にもありました。

・旭川東高校が進学校だったこと
・友達に理系の人が多かったこと

の二つです。

当時は、朝鮮戦争特需をきっかけに始まった高度経済成長の勢いに押された受験ブームに、はずみがついてきた時代で、高校のカリキュラムもかなりハードに組まれていました。旭川東高校の場合、数学は2年生までに数学Ⅲを終えることになっており、理系のクラスの3年生は「特別数学」という講義があって、大学初年度に講義されるような高度な数学を勉強させられました。

受験雑誌にも定番とされるものがあって、理系の3年生が、今でもかばんにひそませているとおぼしき「大学への数学」(東京出版)が必読誌でした。

数学に関しては、こんなできごとがありました。

天文部に数学がものすごく得意な友人がいました。ある時、彼が私に微分の問題を見せて、「谷口、これわかるかい?」

と聞いてきました。

「どうだ、わからないだろう」

とでも言いたげでした。

私は、問題を見てすぐに解法がわかりました。その場で答えました。

「ロピタルの定理[11]を使えば、一発だね」

注11　ロピタルの定理は高校の数学では本来登場しない定理だが、微分学ではある種の極限値を求めるのに便利なので、レベルの高い参考書や受験雑誌には、この定理の説明があり、私はそれを読んで、使い方も知っていた。

私の返事に彼はがっかりした様子で、こんなせりふを残して立ち去りました。

「チェッ、わかったか」

「大学への数学」を購読していた効用を示す一つのエピソードでした。あるいはまた、受験生はこんな風に競争意識をたくましくし、切磋琢磨《せっさたくま》しながら学力をつけていたのでした。

結局、友人に理系の人が多かったのが私には幸いしたのだと思います。友人とはいえ、競争意識は常にあります。

かりに私が文系志望であっても、数学や理科で劣る成績を取ることはこけんにかかわるという気持ちが強かったのだと思います。そのため、数学や理科も必死になって勉強していたわけです。「人間万事、塞翁《さいおう》が馬[12]」ということでしょうか。

注12　中国の前漢時代に著された『淮南子』にある言葉。城塞に住んでいる老人（塞翁）の一人は立派な馬を飼っていた。ある日この馬が逃げてしまったが、彼は「これは吉兆である」とした。しばらくすると、逃げた馬は立派な駿馬（しゅんめ）をつれて帰ってきた。ところが、良いことばかりではなかった。彼の息子がこの駿馬に乗っていたとき、落馬し、骨折した。これは不幸と言うべきできごとだった。ところが、翌年勃発した戦争では、息子はけがをしていたので出征せずに済んだ。周りの同世代の若者が戦争で命を落としたことを考えると、落馬が彼の命を救ったことになる、何が人に幸いするか最後までわからないということだ。
　ここで参考のために、「人間」の読みについて。これは「にんげん」ではなく「じんかん」と読む。意味は「世間（せけん）」である。

ところで、この話が載っている『淮南子《えなんじ》』は、天文学と浅からぬ関係があります。「宇宙」という言葉の語源がこの書に出てくるからです。この文献によれば、「宇」は空間、「宙」は時間を意味するというのです。もっとも、「宇」と「宙」については、『淮南子』とは異なる考えをとっている史料もあるので、気をつけなければなりません。

決断

こうして私は高校3年生になる春に、決意をワンステップ、エスカレートさせました。なんら、成算はありませんでした。無謀かどうかもわかりません。とにかく、やれるだけやってみよう。それが当時の私の心境でした。

なぜ天文学者だったのか

小学校、中学校、そして高校時代と、私の夢は微妙に揺れてきました。「学者」というキーワードは大事にしながらも、考古学者、昆虫学者、そして天文学者と移ろってきたのです。その揚げ句、私の向かう方向は最終的に天文学者に落ち着いたわけですが、三つの分野の学者、つまり三つの分野の学問に何か関連はあったのかどうかについて、少し、考えておくことは読者にも参考になるでしょう。

天文学は宇宙の考古学

まず、天文学と考古学を比較してみます。

「天文学を勉強してみよう」

↓

「天文学者を目指してみよう」

二つの分野は全然違うと思われるかもしれません。ところが、二つは意外にも似ています。

天文学のそもそもの目的は、宇宙にある天体の物理的な性質を調べ、その起源と進化を明らかにすることです。天文学に足を踏み込んでみるとわかることですが、とにかく、すべての天体は遠いということを思い知らされます。よく、数値の大きいことの表現として「天文学的……」と言いますが、これは、地球から天体までの距離の大きさ、つまり「遠さ」を著す桁数に由来しています。数キロメートルしかない隣町までの遠さとはレベルが違います。

たとえば、太陽までの距離は約1億5０００万キロメートルです。光（電磁波）の速度は秒速約30万キロメートルです。かなり速いのですが、宇宙は広すぎます。太陽の光が地球に届くまで、

1億5０００万キロメートル／30万キロメートル毎秒

を計算するとわかりますが、ほぼ8分20秒かかります。私たちが今見ている太陽の光は、太陽を8分20秒前に出た光なのです。どんなに頑張っても、私たちは現在の太陽の姿を見ることは原理的にできないのです。

なんと、私たち地球にいるものにとっては、常に過去の太陽を見ているのです。いや「過去の太陽しか見ることができない」と言った方がいいでしょう。これは、私たちがどんなにあがいても乗り越えることのできない、自然の冷厳な掟《おきて》なのです。

太陽は私たちに最も近い星です。それでも、私たちはその過去の姿しか見られないわけで

す。

そこでいま、100億光年[13]彼方の銀河を見ることにしましょう。すると私たちは、その銀河の100億年前の姿を見ることになるわけです。つまりこの事実は、

宇宙を観《み》る＝宇宙の過去を調べる

を意味することになります。

注13　1光年は光（電磁波）が1年間に進むことができる距離で、約10兆キロメートルに当たる。

言い換えれば、天文学は、宇宙の考古学にほかならないのです。

一般に考古学といえば、地球に残っている人類や他の生物（植物も含む）の痕跡である遺跡や遺物を調べる学問というイメージをもっています。一方、天文学では、前の文で、「地球」を「宇宙」に置き換えただけです。なんのことはない。天文学は宇宙の遺跡を調べているだけです。確かに、調べる対象は違います。しかし、過去を調べるという意味では、天文学と考古学はまったく同じです。つまり、以下のように、まとめることができます。

うりふたつとは申しませんが、考古学と天文学とは、目指すところは同じと言っていいでしょう。

銀河の美しさは蝶の翅《はね》を連想させる

さて、考古学者と天文学者は論理的に結びつきました。では、昆虫学者はどうでしょう？いっとき私が昆虫学に心を動かされたことが、いささかでも私の将来、つまり天文学者を目指す決心に影響を与えたのかどうかということです。はっきりとは言えませんが、私は影響があったように思います。私の昆虫に対する興味は、ファーブルとは異なり、蝶のみにしぼられていました。なぜ、蝶なのか。これは蝶の美しさです。蝶にはさまざまな種類があり、それぞれ美しい翅《はね》の模様をもっています。蝶という、昆虫のたった一つの種《しゅ》なのに、なぜこれほどにも多様な姿をもつのか？　そういう畏敬の念をもって蝶を見ていたのでしょう。私は蝶の中でも通称「ミドリシジミ」と呼ばれるゼフィルス類がいちばん好きでした。グリーンメタリックの翅を翻《ひるがえ》して梢の間を舞う姿には神々しささえ感じられるほどでした。

考古学では人類の過去を調べ、人類の行く末を考える
天文学では宇宙の過去を調べ、宇宙の行く末を考える[14]

注14　宇宙の未来を考えることは魅力的な作業だ。ところがそれは、定義上、科学にならない。なぜなら、実験や観測で検証されないものは科学にならないからだ。だれも未来のことを実験したり観測したりすることはできない。しかし、宇宙の未来に関心をもっている人は多いように思われる。哲学的な含蓄も含め、この分野を鳥瞰できる本を紹介しておこう。

佐藤勝彦著『宇宙論入門 — 過去から未来へ』(2008年、岩波新書)だ。インフレーション宇宙論を提唱した現・自然科学研究機構機構長、佐藤勝彦氏の解説を楽しむことができる。

一方、銀河はひとつひとつその姿が違い、いずれも究極の美しさをもっています。ミドリシジミと銀河の姿が重なります。博物学的な興味かもしれませんが、蝶の形の美しさとその多様さが、私の銀河の研究に影響を与えたのではないだろうか? 私はそう思っています。

決意する人生

「三つ子の魂、百まで」

言い得て妙《みょう》です。しかし、やはり、子供の頃に抱いた夢のイメージが現実の私とオーバーラップしているのです。不思議ですが、そう考えざるを得ません

天文学者になれるかどうかは、わかりません。しかし、大学で最も関心のある天文学を学ぶ決意ができました。振り返ってみると、O君、S先生、そして旭川東高校の天文部の皆さんのおかげで、天文学者に向けて旅立つことができました。人との出会いの中で自分の心を磨き、決意していくのが人間なのかもしれません[15]。

注15　学者という職業を選ぶ話でなら、読んでおくべき本は、佐藤文隆著『宇宙物理への道―宇宙線・ブラックホール・ビッグバン』（岩波ジュニア新書、2002年）だ。国際的な宇宙物理学者である京都大学名誉教授、佐藤文隆氏の自叙伝でもあり、宇宙物理学の入門書としても楽しむことができる。
同じく岩波ジュニア新書に、岩波書店編集部編『なぜ私はこの仕事を選んだのか』（岩波ジュニア新書、2001年）もある。学者という職業こそ紹介されていないが、さまざまなジャンルの仕事をそれぞれの人がなぜ選んだのか、人の生き方を垣間みることができる。

はたして学者に向いているのか？

さて、天文学者を目指す決意はしましたが、私が学者に向いているかどうかは、まったくわかりませんでした。

学者になる条件は何か？　難しいことを考えるのだから、たぶん〝頭が良い〟ことだろう。当時思いついたことはこの程度のことです。

では、自分は頭が良いか？

〝頭が良い・悪い〟は、わかりやすそうでいて意味不明です。後に私は、自然科学は実験（観測）科学と理論科学に二大別できること、人によって向き・不向き（つまり適性）があって、両者の選択は、得意・不得意でなされ、俗に言う〝頭が良い・悪い〟でなされるものではないことがわかってくるのですが……。
とは言え当時、私の周囲には、特に理論が自分以上に得意そうな連中が間違いなくいて、はたして自分が科学者を目指してもよいものか、悩みました。しかし、夢は夢です。とりあえず、追って見よう。そんな感じでした。
ベートーベンの交響曲第９番「合唱」の詩で有名なドイツの詩人フリードリヒ・フォン・シラーもこう述べています。

「青春の夢に忠実であれ」

実現するかどうかではない
実現させるかどうかである

やってみなければ、結果はわかりません。その目処《めど》がつくまで挑戦することが大切だということです。まずは挑戦すること。挑戦なくして、成功も失敗もありません。

1・2 大学

大学に入学 ―― 教養部

はからずも、疾風怒濤《しっぷうどとう》の高校時代を送りました。しかし、幸運にも、無事、東北大学理学部に入学することができました。

高校2年の終わりに文系から理系に転向しての受験だったので、大変といえば大変でした。ただ、S先生の私への厚意に報いたいという気持ちもあり、逆境をうまく利用できたのでしょう。確かに逆境でしたが、振り返ってみれば、あまり苦には思いませんでした。

17世紀に活躍した英国の劇作家ウイリアム・シェークスピアですら、こう記しています。

「逆境も考え方によっては素晴らしいものである」

ニュアンスは多少違いますが、こういう箴言《しんげん》もあります。

「人生は道路のようなものだ。一番の近道はたいていい一番悪い道だ」

これはイギリスの行政官で哲学者でもあったフランシス・ベーコンの言葉です。

昔の人も苦労していたようです。そう思えば、私の理系への転向も、特段の艱難辛苦《かんなんしんく》とは言えません。

大学に入学したのは1983年（昭和48年）のことです。当時は入試の合否は電報で知らされるシステムになっていました。もちろん、これはオプションで、何もしなければ、大学から郵便で通知がくることになっていたと思います。私は入試の時に電報による通知を頼んでいたので、電報で知らせが来ました。

合格の場合の電文は、

「サクラサク、キミヲマツ」

不合格の場合は、

「ミチノクノユキフカシ、サイキイノル」[16]

になるはずだったと記憶しています。

注16　降り積もった雪が寒さのために融けずに暖くなる春先まで融けない状態のことを〝根雪〟といい、後の電文はその状態を比喩として使ったもの。

北海道の旭川は、冬は雪で閉ざされます。12月から3月までは根雪の世界です。子供の頃体験した最低気温はセ氏マイナス35度です。

しかし、仙台では雪が、年に数回、それも多くて深さ20センチメートル程度降るくらいなもので、不合格の電報の文面はいかがなものかと思ったものです。ただ、南からの受験者にはインパクトがあったかもしれません。

「サクラサク、キミヲマツ」

の電報が届けられたのは、幸いでした。

天文学科への〝険しい〟道

さて、入学はしたものの、当時は最初の2年間は教養部で勉学に勤《いそ》しむことになります。私は理学部に入学したのですが、その段階では天文学科に属していたわけではありません。とりあえずのステータスは「理学部物理系」です。物理系には100名の学生がいます。2年間はこのままで、3年次に進路の振り分けが待ち受けています。

天文学科　5名
地球物理学科　16名
物理学科　100名 マイナス（5名＋16名）＝79名

という風に分かれていくのです。つまり、100人いる物理系の学生のうち天文学科にはたった5人しか進めない構成だったのです。

物理系の学生100人中、50人は天文学科を志望しているといわれていました。繰り返しますが、天文学科に行けるのは、たった5人でした[17]。倍率は10倍。これは大変です。当時、東北大学の理学部の入試倍率は約3倍でした。その関門をくぐり抜けたのもつかの間、今度はもっと厳しい競争を勝ち抜かなければ天文学科に行けないのです[18]。

注17　東北大学理学部天文学科の現在の定員は13名。受験される場合は最新情報を確認のこと。
注18　愛媛大学理学部物理学科には宇宙物理学コースがある。物理学科全体の定員は約50名で、宇宙物理学コースの定員は12名。宇宙物理学コースを希望する学生は約25名いるので、競争率は2倍強になっている。

私の正直な感想でした。目指す理学部に入ったものの、天文学科への道はまだまだ険しい。

「これは、大変だ……」

「いったい、どうすればいいのか?」

と、途方に暮れました。

どのような基準で天文学科に進める5人を選ぶのか、わかりませんでした。いずれにしても、好成績をおさめておかなければならないのだろうとは思いました。ただ、教養部という自由な雰囲気もあり、まずは大学生活を楽しむことにしました。どうも私は、楽観的な人間のようです。

理学部の学生はいくつかのクラスに分けられ、私は物理系と生物系の混成クラスで、約50名の学生がいました。他の系の学生がいるというのは、大変良いもので、過ごしやすいクラスでした。

驚いたことにクラス担任の先生がいたことです。小・中・高校に比べればその存在は希薄ですが、時々は交流会のようなものもありました。担任の先生はドイツ語が専門で、学生に1行ずつ訳させていく講義をしていました。そこで、私たちは仲間内で、自分のクラスのことを『一行会』と呼ぶことにしていました。

青春時代

教養部のキャンパスは、仙台市内をヘビのように縫ってはしる広瀬川の西側、川内《かわうち》地区にありました。戦前は陸軍の第二師団の司令部として、また第二次世界大戦後は、米駐留軍がキャンプ地として使用していたところで、私がここで学んでいた当時は、まだ、米軍キャンプがあったことを物語る白壁の木造の建物が、方々に残っていました。

大学に入学した1973年当時、キャンパスはいたって穏やかでした。70年安保闘争もおさまり、68年から70年頃までキャンパスを吹き荒れたという紛争は影をとどめていませんでした。ヘルメット姿でアジ演説をしている学生もいることはいましたが、ストライキで講義が潰れるようなことはありませんでした。ただ、旧制二高時代の〝バンカラ[19]〟の気風が依然として残っており、高下駄を履いた応援団員が長い学ランに腰手拭いをして、キャンパスをかっ歩しているのが微笑ましくも思えたものです。

注19　バンカラを、漢字を交えて書くと〝蛮カラ〟になる。この言葉は、旧制高校の学生が、世の中の軽薄な成り金族や〝ハイカラ〟趣味への対抗心から使い出した、粗野を意味する言葉だが、風俗としては高下駄に「弊衣破帽《へいいはぼう》」を特徴とし、高まいな真理を追い求める高い志の〝侠気〟につながり、悪い意味に使われていた記憶はない。

フォーク歌手のかまやつひろしが歌って流行った「我が良き友よ」(作詞・作曲＝吉田拓郎)を思い出せる人にはわかってもらえると思います。

その一方で、街角ではフォークソングが流れ、私も中学生時代に買ったまま埃《ほこり》をかぶっていたギターを弾き出しました。時代の一つの転換点に私たちはいたのかもしれません。

考えてみると、私の大学生時代は時間が潤沢にある時代でした。携帯電話もなければ、インターネットもありません。旭川の親に電話するときは、小銭を携えて、近くの公衆電話を利用するしかない時代でした。すべてがスローな時代だったのです。

旭川から仙台に行くのも大変でした。国鉄（現在のＪＲ）の特急「北海」（１９８６年10月に廃止）に揺られて、函館まで6時間。青函連絡船に乗り換え、青森まで4時間。青森から特急で仙台まで4時間。乗り換え時間を含めて16時間の旅でした。そういうものだと思っていたので、さして苦ではありませんでした。

しかし、今から考えると、凄い時間を使って移動していたのだなと思います。一見、無駄な時間を過ごしていたのかな、と思われますが、じつは意外にもそうではありませんでした。私はこの移動時間の間に読書の喜びにひたることができたからです。この愉悦《ゆえつ》は、その後の人生の、何ものにも代え難い財産となりました。

読書する

ここまで読み進まれた読者にはお見通しのように、教養部時代、私がいちばん楽しんだのは読書でした。高校時代は受験勉強に明け暮れ、読書に割ける時間も読書量も微々たるものでした。ようやくゆとりをもって本を読めるときが来たと感じたものでした。

読書に惹《ひ》かれた理由はもう

図5 サマセット・モーム（1874 – 1965）英国の文筆家．小説『月と六ペンス』および『人間の絆』，評論『サミングアップ』などの作者として有名．長年，大学入試の英語の題材として頻繁に利用されてきた．

一つありました。

当時はまだ教養主義の時代で、定番と言われる本[20]を読んでいないと恥ずかしいという風潮がありました。哲学関係の本も何か読んでおかないと、という感じでした。旧制高校がなくなり、現在の大学制度(いわゆる新制大学)に移行してすでに20年余りも経過していましたが、まだ、キャンパスには旧制高校の気概がいくばくかは残っていて、教養主義が名残りの香りを漂わせていたのです[21]。たとえば、

倉田百三著『愛と認識との出発』(1913年)
西田幾多郎著『善の研究』(1911年)
阿部次郎著『三太郎の日記』(1914年)

などの哲学書が、デカルトやカントの著書と並んで、かつては旧制高校の学生の必読書とされ、その空気が新制大学の教養部にも残っていて、学生の書棚に、少なくともどれか1冊は見られたものでした。

注20　いわゆる教養を積むといった通俗的な意味の〝教養小説〟とは異なる。教養主義で言われた「教養小説」は、一人の人間の成長過程や修養を通して人の道を描く小説のこと。19世紀プロイセン文化を特徴づけるドイツ語で、自己形成や修養を意味する言葉「Bildung（ビルドゥング）」に由来する名称。「教養小説」は「Bildungsroman（ビルドゥングスロマーン）」と呼ばれる。文豪ゲーテの『ヴィルヘルム・マイスターの修行時代』やトーマス・マンの『魔の山』などが代表的な作

品。私が子供の頃人気があった下村湖人の『次郎物語』（1947–49）や山本有三の『路傍の石』（1917–40年、中途断筆）などは、日本人作家による教養小説の部類に入るのだろう。

注21　旧制高校（正式には旧制高等学校）は現在、かつての大学の教養部に相当する高等教育機関。1950年に廃止され大学に移行した。旧制高校は大学予備門（＝帝国大学に入学する前に通う学校）という位置づけだった。

しかし第二次世界大戦後、以下のような対応関係で大学制度に吸収されていった。第一高等学校（一高）は現在の東大、二高は東北大、三高は京大、四高は金沢大、五高は熊本大、六高は岡山大、七高は鹿児島大、そして八高は名大。旧制高校は、頭に番号がついた「ナンバースクール」のほか、地名がついた「ネームスクール」があり、まとめてこう呼ばれた、ただ帝国大学としては、北から並べると、北海道、東北、東京、名古屋、京都、大阪、そして九州の七帝国大学なので、ナンバースクールの番号の順序との対応は必ずしも一致しなかった。ちなみに現在の台湾大学も帝国大学として設立されたもの。台北市内にある同大学のキャンパスに「臺北帝國大學」の看板があり、驚いたことがある。

私自身に関して言えば、生まれ育ちが北海道であるため、北海道になじみのあるテーマを扱った文学作品や、北海道を舞台に活躍していた作家の作品にも目を配っておきたいという気持ちがあって、小林多喜二（**図6**）や伊藤整などの作品にも目を通していました。

＊　＊　＊

明治の歌人の一人である与謝野鉄幹の詩に『人を恋ふる歌』があります。1スタンザ4行で計17スタンザの長大な詩ですが、鉄幹はその第一スタンザに、こう綴っています。

友を選ばば　書を読みて

「…………　…………

六分《りくぶ》の侠気　四分の熱」

です。私たちも読書をして、教養を高めなければならないと思っていました。ただ、この歌には第四スタンザに次のようなくだりもあります。

図6　小林多喜二（1903 – 33）　プロレタリア文学の旗手と称された，北海道小樽市を舞台に活躍した，戦前の作家．代表作に『蟹工船』（1929 年雑誌発表）などがある．その作品が当時の公安警察の取り締まりの対象となり，逮捕．監禁中に拷問のため獄死した．2000 年代に入り，グローバリズムに伴う格差社会の出現という経済社会現象の中で，小林多喜二の作品の再評価の動きがあり，08 年には，『蟹工船』を収載した文庫本が 50 万部を超える販売部数を記録して話題となったり，翌 09 年には『蟹工船』が映画化されたりもした．

「あゝ我ダンテの 詩才なく
バイロン、ハイネの熱なきも ……」[22]

注22 バイロンとハイネはそれぞれ、英国とドイツで主に18～19世紀に活躍したロマン主義詩人。二人とも20世紀、戦前から戦後にかけて日本の学生の間で絶大な人気を博した。

高校でもそうでしたが、大学に入ると自分より優秀な人間がたくさんいることに気がつくものです。自分が凡人であることを理解するために大学に入ったような気がしたものです。

当時読んだ本の中で、いちばん心に残っているのは倉田百三の『愛と認識との出発』でした。哲学、倫理学、宗教学などさまざまなジャンルの問題について倉田独自の考察が展開されている本なのですが、私がことのほか驚いたのは、わずか21歳で、あれだけの考察をしていることでした。

当時私は18歳でしたから、同書執筆時の倉田と比べて年齢にたいして差はありません。

「自分は何か物事についてこれだけ深く考察をしたことがあっただろうか？　はたして、これからできるだろうか？」

そういう思いにとらわれたものでした。知識は増やせますが、考察を巡らす上で欠かせない「知恵」はなかなか育まれるものではありません。

宇宙物理学者の池内了《さとる》氏は自著でこう述べています。

「科学的知とは、知識の集大成のことではなく、科学がもつ論理を有効に使って、見えないものでも見える、つまり、たとえ見えなくても科学によって理解できるようになる力のことです」(『科学の考え方・学び方』岩波ジュニア新書、１９９６年)。

とにかく、倉田百三の『愛と認識との出発』は、深い考察ができるように勉強しなければいけないと私に思わせた1冊でした[23]。

注23　和辻哲郎著『古寺巡礼』も必読の書だった。和辻30歳のときの著作と知り、とてもかなわないと思ったものだった。

仙台は学生の街です。私が大学に入学した当時、特に、仙台一の繁華街、東一番町の延長上南端にある、東北大学本部がある片平町界隈には、古書店が軒を連ねていました。どうみても卒業の時に売り払ったとしか思えない大学の教科書から多数の教養書まで本ぞろえがしてあるので、時々出かけては〝本の紙魚《しみ》〟よろしく古書漁りを楽しみました。古書店も、新刊書の書店もそうですが、たとえ買わなくても背表紙を眺めるだけで、知の世界が広がっていくものなのです。気になる本は手に取ってページをめくってみますが、それだけで、何となく知識が肥えていくように感じられ、心休まる場所でした。

今はもうありませんが、片平町の古本屋街に「アルトハイデルベルク」という名前の喫茶店があり、よく友人たちと利用しました。店名はドイツ人作家ヴィルヘルム・マイヤー＝フェルスターの同名の小説からとったものと思われます。古き良き時代のドイツの学都ハイデルベルクを懐かしむ作品で、戦前、仙台が「日本のアルトハイデルベルク」と呼ばれたことがその命名に説得力を与えているといえましょう。

人によっては、「旧制高校時代、どこでも自分の出た高校を『アルトハイデルベルク』といった」という主張をしますが、そうだとしても、高校のある都市全体が「日本のアルトハイデルベルク」として外《と》つ国のハイデルベルクに擬されたのは、たぶん、仙台だけではなかったかと想像されます。

さて、話を戻してこの店は、コーヒーが1杯180円で、50円追加するとケーキがついてきました。私たちの〝ハイデルベルク通い〟も、じつは、これが目当てでした。もっとも、その店はケーキ店が併設されていて（いや、ケーキ店で喫茶部を併設していたのかもしれません）、その格安のケーキのサービスも、前日の売れ残りのケーキを50円で提供してくれていたというのが実情でした。古本屋で買ったばかりの本を眺めたり、友人たちと語り合ったりして、いっときを過ごしたものです。当時流行っていたフォーク・グループ「ガロ」のヒット曲、「学生街の喫茶店」を地で行くような生活がそこにありました。

大学で学ぶこと

さて、肝心の勉強は？　というと、じつはあまりよく覚えていません。大学に入って最初に勉強のステージが教養部だったので、天文学の講義はたった一つ、「天文学概論」が半年間あっただけです。その講義は飯沼勇吾先生の担当でしたが、天文学科志望の私には楽しみでした。

専門に関係する理科系の講義は、物理、化学、数学が主体でした。しかしなにしろ、教養部です。その他に社会科学と人文科学も単位を取得する必要がありました。何を専門にするにせよ、基本的素養として高い語学力が求められることはいうまでもありません。外国語は2科目が必修でしたが、私の場合は、英語、ドイツ語、ロシア語の3科目を履修しました。

物理や数学は天文学を勉強していく上で不可欠の科目であり、3年生の後期になると「学部授業」と言って、高度な内容の講義が待ち受けていました。

物理では解析力学が登場し、「これまで習ってきた物理は何だったのだ？」とボヤキたくなるほどスマートで一般性を備えた世界が眼前に提示された思いでした。目からウロコが落ちるとはこのことでした。

私の知的体験を基に、その辺の事情を少し説明しておきましょう。

高校の物理では、物体の運動を調べるため、ニュートンの運動方程式を教えてもらいました。運動方程式を解けば物体の運動が手に取るようにわかる。これは凄いと思ったものです。ただ、一つ問題がありました。

大学の初年時の物理では、普通の3次元座標（デカルト座標）の他に、球座標や円筒座標などが出てきます。考える問題ごとに、都合の良い座標系を設定する必要が出てきます。したがって、問題を考える際、座標系をどうとるかを、いつも気にしていなければなりませんでした。これには、数学的にある種の直感力が要求されるのですが、解析力学では、この厄介な問題を気にかけずにすむのです。

解析力学では、一般化された座標を導入します。すると、その座標とその時間微分（一般化速度）の関数として、「ラグランジアン（L）」という量が定義されます。運動方程式はLの偏微分方程式として表わせます。すると、座標系を気にすることなく、この方程式を解くことができます。

微分方程式ではなく、陰関数であることを気にせずに微分ができる「偏微分」の逆演算として偏微分方程式を解くことになりますが、特に難しくはありません。

また、ラグランジアンをある規則で変換（専門用語では「ルジャンドル変換」と呼ばれるものです）すると、「ハミルトニアン（H）」を定義することができます。このHも、Lと同様に、座標に依存しない方程式を与えてくれ、魔法のように物体の運動を調べることができます。

高校の物理で、解析力学の片鱗でも教えてもらえているとよかったのに、とさえ思いました。

数学も高校時代と比べると、目先が変わったものばかりでした。

まず複素関数論では複素積分が出てきて（しかも教科書は英語で書かれたものでした）特殊な点の周囲にとったパスをたどって一周りすると積分値がゼロになるなど不思議な体験をしては、目をぱちくりさせ、「なかなか大変だわい」と思うようになりました。

さらに、β関数、Γ《ガンマ》関数、ζ《ゼータ》関数など、「特殊関数」と呼ばれる関数が次々と顔を出します。こうなると、講義についていくのが精一杯です。物理学のみならず、数学の世界の奥深さを感じたものでした。とりあえず、岩波書店から出ていた全書版の『数学公式集』を買い求め、パラパラとページを繰《く》っては公式を眺めていたのがいまでも思い出されます。

公式集がらみで次のような話が思い出されます。

そんな時分、人づてに聞いたことですが、名古屋大学の冨松《とみまつ》彰氏はその『数学公式集』に収載されている公式をすべてチェックし、正誤表をこの公式集の編集部に送ったということでした。冨松氏は、回転ブラックホールに関する重力場方程式のトミマツ・サトウ解[24]を見いだした業績で世界的に有名な物理学者です[25]。冨松氏は、方程式の形を見ると解の形が頭の中に浮かぶというから驚きます。その話を聞いたときは、信じられない思いでした。世の中には並外れて頭の良い人がいるということがわかりました。同時に、自分には研究など無理かもしれないとも思ったものです。

注24　この研究成果が冨松氏の修士論文と聞いて、腰が抜けるほど驚いた。ちなみに、トミマツ・サトウ解の「サトウ（＝佐藤）」は、佐藤文隆・京都大学名誉教授のことで、林忠四郎氏の下で、わが国の素粒子論的宇宙論の研究の流れを形作った人でもある。

注25　私が東北大学で助教授（現在の准教授）をしていた頃、集中講義で名古屋大学におもむき、同大学理学部の物理学教室でセミナーを行う機会があった。巨大ブラックホールが連星のように磁場の中を回っていたらどういう現象が起こるか、理論的な話題を提供した。40人ぐらいの方が聴きにきてくれたが、その中に前の方に座って非常に鋭い質問をされる方がいた。あとから、知り合いの先生に「あの鋭い質問をされた先生はどなたでしたでしょうか？」と尋ねると、「冨松先生ですよ」と教えてくれた。それを聞いた瞬間、どっと冷や汗が出たことが思い出される。私は冨松氏とは一面識もなかったのだ。しかし、知らなくて幸いだったとも思った。もし知っていたら、緊張のあまりうまく話ができなかったかもしれなかったからだ。

ただ、これらの勉強をしていくにつれ、人類の叡智とは凄いものだと感じさせられたことも事実でした。解析力学は古典物理学の一つの形式で、ラグランジュを生みの親とされますが、200年以上も前にこんな力学の形式化に成功した人がいたことに、素直に感動しました。

学問は積み上げ式で発展していくもので、先人の努力の跡を継いで新たな学問が生まれていくわけです（T・S・クーン〈第三部参照〉以後は、そう考えない歴史家も多いですが……）。

大学で勉強を始めると、高校までに習ったことがほんのわずかであることを、痛いほど思い知らされました。物理や数学の世界は果てしなく広がっているように感じられ、研究者を目指すのは大変なことだと理解し始めました。

そして天文学科へ

2回生の春休み。私は進路に決定が下される日を待ちながら、まんじりともせずかたずをのんで、過ごしていました。「果たして天文学科の学生になれるのか？」それだけが心配でした。

そんなある日、大学から郵便が届き、おそるおそるあけてみました。なんと、天文学科に入れたのです。わずか5人。私は無理だろうと思っていました。どうして入れたのかわかりませんでしたが、ただただ幸運に感謝しました。

四月になり、天文学科のガイダンスがあり、残りの4人の方々と顔合わせをしました。私のクラスから天文学科に進んだのは、私一人だったので、4人とは初対面でしたが皆さん、大変よい人たちで、すぐに打ち解けることができました。仙台市郊外の太白山に一升瓶を抱えてハイキングに行ったり（**図7**）、私のアパートで寿司パーティをしたり、学問以外でも交流を深めた仲間でした。なにしろ、たった5人です。連帯感を常に感じていました。

5人のうち、私を含めて二人が天文学者、一人が気象庁の研究者、残り二人が高校の先生になりました。高校の先生になった一人は関口知彦さんで、講談社ブルーバックスで『マンガ物理に強くなる―力学は野球よりやさしい』（講談社、2008年）を上梓《し》されています。私もブルーバックスから『クェーサーの謎』『暗黒宇宙の謎』『宇宙進化の謎』をそれぞれ2004年、05年、11年に出していますが、学生時代、二人とも本を出版することなど、思いもよらないことでした。それが、ブルーバックス

図7　仙台市太白区の太白山　その姿から〝おにぎり山〟とも呼ばれている．頂上付近は非常に険しく，鎖につかまらないと登頂できない．「ゆめゆめ一升瓶など抱えて登るべからず」だ．

の著者として再会することができたのです。不思議な縁を感じずにはいられませんでした。ちなみに関口さんの本の方が、私の本より売れています。これは少し悔しく思います。

天文学科の講義

天文学科とはいえ、物理系の学科なので、講義の多くは物理学科の学生と同じ科目を履修する必要があります。電磁気学、量子力学、統計力学、流体力学、相対論（相対性理論）、物理数学などがそれにあたります。そのほかに、天文学科特有の講義があります。天体や宇宙空間の電磁波・放射線、宇宙で生じるさまざまな現象を、物理法則を駆使して研究する天体物理学、恒星の誕生や進化、安定性などを研究する恒星物理学、天体の位置を精確に測定する方法を論じる球面三角法や位置天文学、銀河天文学などです。天体物理学には演習もありました。

私が天文学科に配属されたのは１９７０年代後半。銀河や宇宙論の理解はあまり進んでいない時代でした。

その当時、天文学界を湧かせていたテーマは、多数の銀河の分布を観測とコンピューターシミュレーションの両面から明らかにすることでした。今日では誰もが知っている、銀河団がつくるボイド（超空洞）の存在が観測で見つかったのもこの頃でしたし、銀河団が形づくるフィラメント状の構造が存在するらしいことがコンピューターシミュレーションでわかってきたのも同じ頃でした。つまり、宇宙の大規模構造探索前夜の色合いの濃い時期だったと言っていいでしょう。

そうした事情とは裏腹に、講義では、天体の位置を精確に測定する方法を論じる位置天文学やその基礎となる球面三角法などにもウエイトが置かれていました。

私自身の関心は主に銀河の世界に注がれていた関係上、履修の重点は銀河関連科目に置かれ、他の科目についてはあまり多くのことを学ぶことができませんでした。もちろん、現在では天文学科を擁する大学のカリキュラムはかなり充実していて、最先端の宇宙論まで、履修のメニューが拡充されているのが普通になっています。

３回生の時にはゼミ（ドイツ語のゼミナール〈＝英語のセミナー〉の略。大学教育の手法の一つで、教員の指導の下、学生が何らかのテーマで研究したことについて発表し、討議し合う会合。「演習」ということもある。１冊の書物を何人かで分担して読み合う輪読もしくは輪講の形式をとることもある）があり、ドイツの天文学者アルブレヒト・ウンゼルトの書いた"*Der Neue Kosmos*（デア・ノイエ・コスモス）"を原著で輪講していました。ドイツ語でゼミをやる意味についてはともかく、"*Der Neue Kosmos*"は恒星大気研究の大御所が書いた、学部学生向けの平易な教科書として、国際的に定評がありました。

ついでに訳書（**図8**）についても一言添えれば、訳者の小平桂一先生は、ドイツのキール大学のウンゼルトの下に留学、同大学から学位（Ph・D）を取得した人であり、うってつけの人でした。

またご存知の読者も多いかと思いますが、小平先生は、日本の現代天文学を牽引し、ハワイ島マウナケア山頂に計画された口径８・２メートルのすばる望遠鏡の建設に尽力、１９８０年代後半に日本の天文学が世界の第一線におどり出る際にも多大な貢献をした人物としても忘れられません。

図８　ウンゼルト著『現代天文学』邦訳版　初版は1968年，写真は谷口が買い求めた，74年刊の第5版

拡がる物理の世界

学部時代に出くわした最大のカルチャーショックは量子力学と相対性理論でした。両方とも20世紀の初めに構築された学問ですが、自分の常識が通用しないという意味で、大きな衝撃を受けました。たとえば、特殊相対性理論は「光速度不変の原理」だけを前提にして、アルベルト・アインシュタインが構築したものです。

なぜ、その原理を導入することになったのか？

すぐにピンとくるはずはありません。私は、アインシュタインは超天才なのか、それとも宇宙人なのか、といぶかったほどでした。しかし、アインシュタイン自身はこう語っています。

「私は天才ではありません。ただ、一つのことと長くつきあい続けただけです」

つまり、ある疑問が生じたら、その問題ととことんつきあい、納得する答えが出るまであきらめずに考えるということです。

一般相対性理論は重力理論ですが、こちらは「重力質量と慣性質量とは同等である」という「等価原理」と呼ばれる主張からスタートします。

こちらもたった一つのプリンシプルです。科学の理論を構築するとき、物事の説明で、仮定が少なくて済むなら少ない方がよいというヨーロッパ中世以来の格言めいた原則を地で行っているといっていいでしょう。この原則は、英国のスコラ哲学や神学が専門のオッカムのウィリアムという人が唱えたものとされ、「オッカムのかみそり」と呼ばれていますが、アインシュタインの研究作法は、まさにその極致といえるものです。

確かに、発明王のトーマス・エジソンも言っています。

「天才は1%の才能（インスピレーション）と99%の努力である」

しかし、アインシュタインの相対性理論の世界をのぞいてみると、とても人間業とは思えませんでした。

勉強すればするほど、自分の力の足りなさに気がつく。世の中、そういうものなのだと思い始めました。エジソンはこうも言っています。

「成功しないのはなぜか？　考えていないからである」

わからなくてもよいから、まず深く考えることが大切であるという教えです。背中を押される言葉です。

もう一つの量子力学には、本当に面食らいました。まず、私たちが直面するのは、

「光は波か？　粒子か？」

という問題です。友人たちともよく議論した問題です。

「光は電磁波なんだから、波だろう」

「じゃあ、アインシュタインの見つけた光電効果はどうなんだい？　粒子じゃなきゃ、説明できないよ」

「光は回折現象を起こす。ヤングの干渉実験はどうなるの？　粒子で説明できるのかい？」

「いや、それは……[26]」

理解不足の学生たちには難問でした。

注26　これについては、『世界でもっとも美しい10の科学実験』ロバート・P・グリース著、青木薫訳（日経BP社、２００６年）の第10章を参照されたい。

さらに驚いたのは、ハイゼンベルグの不確定性原理です。高校時代にニュートン力学で洗脳された私たちには、すぐ受け入れることはできない原理でした。

ニュートン力学では、ある物体の位置と速度は同時に厳密に測定できます。ところが、原子など極微なミクロの世界では、それが不可能だというのです。

どう頑張っても、ある程度以上の精度で位置と速度を同時には確定できないというのです。時間とエネルギーについてもそうだというのです。じつは量子宇宙論の主張に立てば、私たちの住む宇宙が誕生したのは、この量子の性質によるのですが、とても簡単に受け入れるわけにはいかない概念でした。

量子力学の教科書を片っ端から読んでみましたが、謎は深まる一方でした。

ノーベル物理学賞を受賞したリチャード・ファインマンでさえこう述懐しています。

「相対性理論は理解できる。だが、量子力学は誰も理解できない。

物理の教授ですらそうなのだ」

つまり、特殊相対性理論と一般相対性理論の場合、方程式を解いて、その意味するところを理解することはできます。ところが量子力学では、方程式があって、それを解いたとしても、概念的に理解できるかどうか不明だということです。

高校時代の物理学は修行のようなものでしたが、大学時代の物理学には果てしない荒野が広がっていて、ある意味でロマンを感じるような世界でした。

1・3　大学院

大学院に進む

大学院は博士前期課程（いわゆる修士課程で2年間）と後期課程（博士課程で3年間）で、計5年間かかります。順調に行っても、博士号を取得できるのは27歳です。私は学部で1年間留年したのと、大学院でさらに1年、足踏みしたため、博士号を取得したのは29歳の時です。博士号の取得が研究者としても免許皆伝になりますが、かなり時間がかかるものです。そんな私が大学院時代にどんなことを考えていたかを振り返ってみましょう。

学部までの勉強では天文学をやっている気はしません。状況は私が学生だった頃も今も、変わりません。結局、大学院が研究者への入り口になります。

学部で卒業して就職する方が普通ですが、私の場合は天文学者を目指して大学に入学した経緯があります。大学院を目指すのが当然です。その一方で、私は自分の才能のなさを大学時代に学びました。進むも地獄、引くも地獄。四面楚歌。そういう感じでした。

そんなこともあり、私は学部から大学院にストレートに進むことができませんでした。留年です。

「国破れて山河あり……」

唐代の詩人杜甫の五言律詩『春望』の冒頭部分です。高校の教科書にも必ず登場する詩ですので知らない人はいないでしょうが、意味は、戦争で国が滅びても、見渡せば祖国は美しくあり、花が咲く山野があるということです。心にしみる詩です。

私の場合は、

「夢破れて銀河あり……」

という感じでした。このようなことから、私は次の二つの言葉に思い至りました。

「道に迷う事なかれ」

「チャンスを狙え」

です。

「道に迷う事なかれ」これは、常に自己評価し、学者になるのがあまりにも難しいのであれば、潔く撤退せよということです。私は、自分の能力を過信したことはありません。適正を考え、自分の人生設計をする方が無難だというこの言葉の指し示すところに沿って進もうと心がけているからです。

一方、「チャンスを狙う」という選択肢もあります。必ずしも優秀な人だけが学者になっているわけではありません。たまたま大学教員のポストが空いていて、そのポストに就くこともあり得ます。「石にかじりついても」という考えは危険ですが、ある程度の年限、我慢して待つという途《みち》もあります。ことわざを引くなら、

「待てば海路の日和《ひより》あり」

です。こうした人生の岐路に立ってどう判断するかは、自分の意思です。しかし、ときに意思は無力で、運が物事を決めるケースも世の中にはあります。

ことほどさように、未来はわかりません。かりに予定があったとしても、予定は未定であり、決定ではないのです。とても難しい判断です。

学問の懐の深さ

大学院に入って、どういう研究をするか?

研究者を目指す人なら、だれもが強い関心を抱くところでしょう。

ところが私の場合、具体的なアイデアはまったくありませんでした。もちろん、研究対象を銀河に絞ってはいましたが、どんな研究をすればよいのか、皆目見当がつきませんでした。当然です。銀河研究の現状など、大学院に入学したての大学院生にわかるはずもありません。

ただ、研究のスタイルは決めていました。自分の当時の知識と能力では新理論の構築は向かないだろう。であるなら、方法論は一つです。銀河を観測的に研究することです。そう漠然と思っていました。しかし、どう考えても、具体的な研究方法が思い浮かびません。と、そんな頃、田村眞一先生が、「岡山天体物理観測所[27]に観測に行くので、いっしょに行かないか？」と声をかけてくれました。

注27　現在は国立天文台の施設だが、当時は東京大学東京天文台の所有だった。

岡山天体物理観測所には口径188センチメートルの反射望遠鏡（**図9**）があります。当時わが国で最大口径を誇る光学望遠鏡でした。これをチャンスとばかり、田村先生とともに岡山へと出かけました。

今でこそ仙台から倉敷（例の天文台所在地への新幹線での最寄り駅）まではＪＲの新幹線で

図9　岡山天体物理観測所 188 cm 反射望遠鏡のドーム（1984年：© NAOJ）

たかだか4、5時間あれば行けますが、当時はまだ東北新幹線がなく、東海道、山陽両新幹線とも現在ほど高速ではなかったため、片道のドア・トゥー・ドアに10時間以上かかる長旅を覚悟しなければなりませんでした。

田村先生の専門は銀河ではなく、太陽ほどの質量の恒星が最期に見せる姿である惑星状星雲でした。したがって、主たる観測対象は当然、惑星状星雲です。しかし、夜は長い。

「いくつか銀河も観測しようと思っているんだよ」

その頃、田村先生はフランスの研究者、ジャン・エドマン博士といっしょに不思議な銀河の研究を始めたところだったのです。これは、私にとっては幸いでした（**図10**）。

塊《かい》状《じょう》不規則銀河

田村先生とエドマン博士のターゲットは「塊状不規則銀河」、英語では「クランピー・イレギュラー・ギャラクシー」と呼ばれるものでした。

当時、塊状不規則銀河には数個しかサンプルがなく、私たちは差し当たり、マルカリアン297（**図11**）という符丁で呼ばれる塊状不規則銀河のスペクトル[28]をとってみることにしました。

注28　天体からの光を波長ごとにスペクトルに分け、その天体の組成などを調べる研究手法。

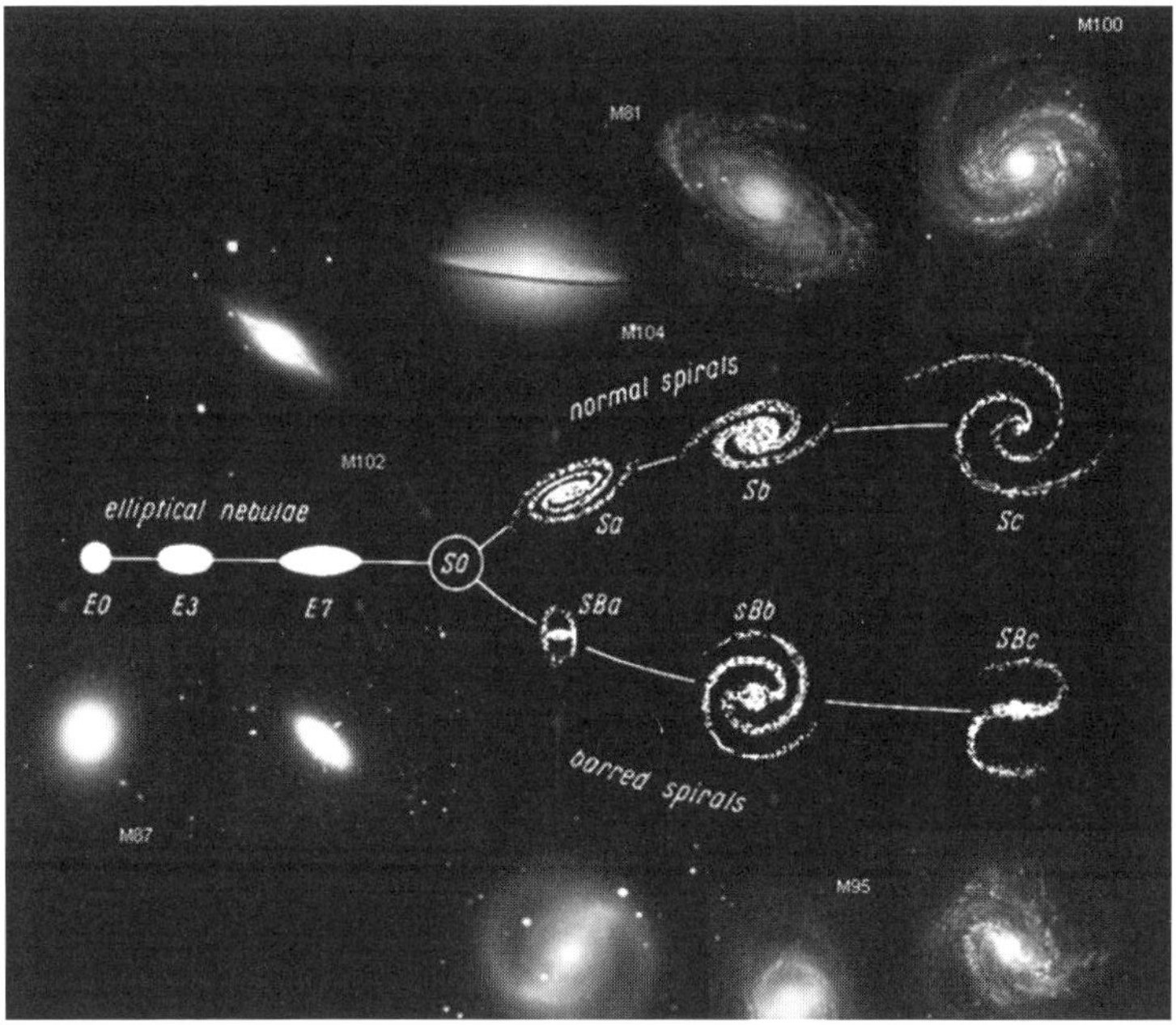

図10　普通の銀河を分類したハッブルの銀河形態分類　「E」が楕円銀河，「S」が円盤銀河（＝渦巻銀河）．分類は拡大され，図にはないが，形状が不明確な不規則銀河も含められた．

スペクトルには水素原子のスペクトル系列の一つであるバルマーシリーズの輝線（**図12**中のHα輝線）や、酸素の一回電離や二回電離で生じたイオンの放射する輝線が写っていて感動しました。教科書で学んだスペクトル輝線が実際に観測されたからです。

田村先生は、「そのスペクトルを解析して論文を書いてみたら？」と勧めてくれました。

早速解析し、考察を加えてみると、この銀河でどのような星が生まれているかがわかりました。

つまり、観測データを取得し、解析すると、結果はとりあえず出て来るのでした。

では、ここから論文がすぐ書けるかというと、そうはいきません。順を追ってプロセスを書くと、次のようになり、考察を終えたところでさらに二つのステップを踏む必要があるからです。

・1個の銀河のスペクトルを解析
・解析結果が出た
・その結果は何を意味するか考える
・多数の銀河のサンプルの中での位置づけをしてみる
・より一般的な結論を得るべく、また考える

最初の三つ目の項目までは、ストレー

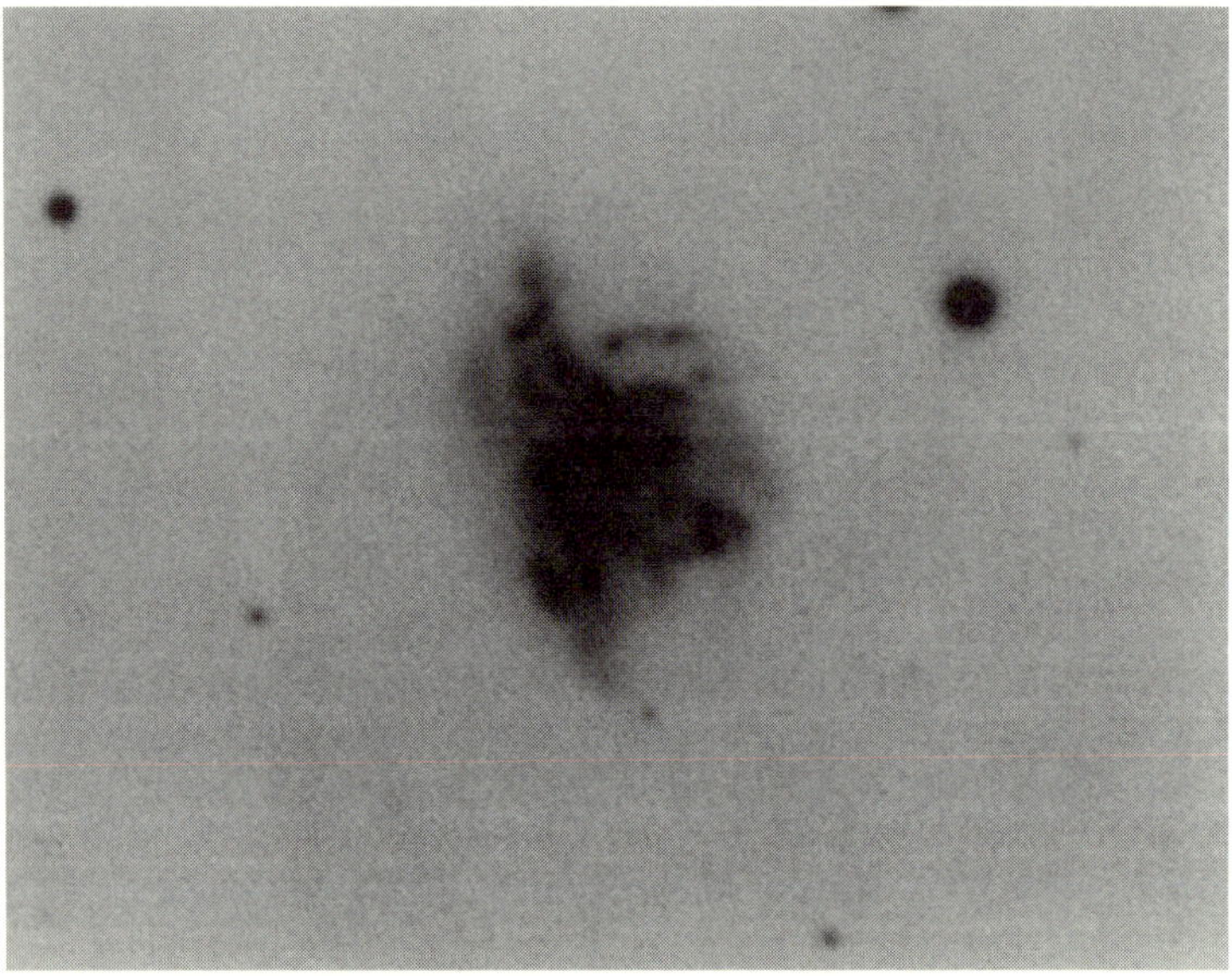

図 11　不規則銀河マルカリアン 297（パロマー天文台提供）。

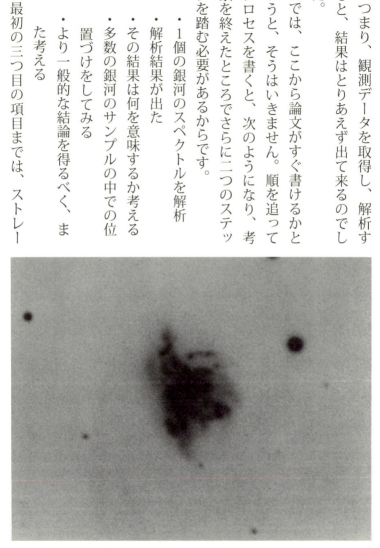

トに進みます。しかし、銀河天文学では、問題は残りの2項目です。これらをクリアーすることこそ、研究の大切な部分になるからです。クリアーするためには、たくさんの先行研究の論文を読まなければならないことに気がつきました。研究の奥深さを痛感することになりました。

田村先生の助言を受けながら、1981年に私の記念すべき最初の論文が日の目を見ました。

自分にも論文が書けたことには感激しましたが、やったことは1個の銀河のスペクトルに基づく論文です。小粒な仕事だということも、つくづく思い知ったことでした。論文を書くことはできるけれど、引き続きどのように研究を展開していけば良いか、暗中模索のときが続きました。

こうして、マルカリアン297は私の思い出深い銀河になりました。写真を見てわかるように、この天体

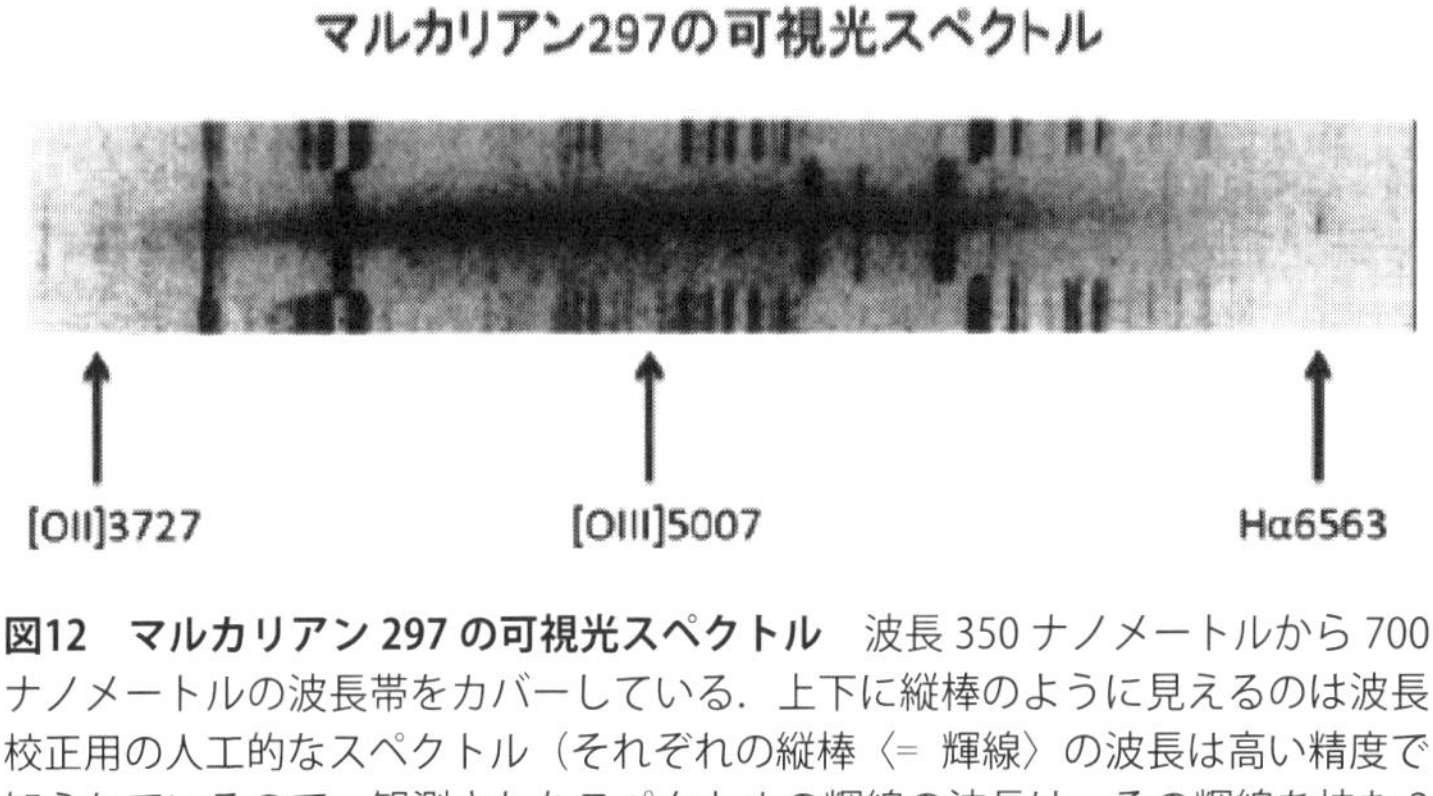

図12　マルカリアン 297 の可視光スペクトル　波長 350 ナノメートルから 700 ナノメートルの波長帯をカバーしている．上下に縦棒のように見えるのは波長校正用の人工的なスペクトル（それぞれの縦棒〈= 輝線〉の波長は高い精度で知られているので，観測されたスペクトルの輝線の波長は，その輝線を挟む 2 本の校正用輝線スペクトルの波長から内挿によって計算される）．

は本当に不思議な形態をしています。論文出版後も、願わくは塊状不規則銀河という種類の銀河の起源を統一的に理解したいもの、と考えていました。

＊　＊　＊

後日談になりますが、この夢は10年後にかないました。マルカリアン297もそうですが、塊状不規則銀河のすべてが二つの銀河の衝突で理解できることを看破し、論文を1報、出すことができました。

しばらく経ってから田村先生が語ったところによれば、エドマン博士がこの論文を読んで絶賛してくれた、とのことでした。

博士論文のテーマをどうするか？

そうこうしているうちに、博士前期課程（修士課程）は終わり、後期課程（博士課程）へと進学しました。この課程の目標は博士論文を仕上げ、理学博士になることです。（理学博士は、略すと理博なのですが、現在では「博士（理学）」という呼び方に変更になっています）。

さて、論文のテーマをどうするか？

これが一番の問題です。私の指導教官はT教授（田村先生とは別人）でしたが、指導方針は放任主義でした。

「谷口君、論文できたら持ってきてね」

という感じで、研究テーマも自分で考える必要がありました。

しかし、私だけが特別というわけではなく、当時の東北大学の天文学科では全体にそういう雰囲気で研究が行われていました。

最近、全国的に、教授の強力な指導のもと、レールが敷かれた通りにやっていれば博士論文ができるようにテーマ設定がなされる風潮があるようなので、天文学でもそうした風潮に染まった研究室もあるでしょうが、私が大学院生の頃の東北大学の天文学科は、ある意味で自由な雰囲気が楽しめるところでした。

しかし、楽しんで研究できる人はもともと優れた人です。私などは、とても楽しんで研究するゆとりはありませんでした。

先に紹介したマルカリアン２９７の研究は、大きな成果を生んだわけではありませんが、一つの論文を仕上げる喜びを味わうことはできました。

さて、マルカリアン２９７に代表される塊状不規則銀河では、普通の銀河に比べて激しい勢いで大質量星（太陽質量の10倍以上の質量をもつ星をひとくくりにこう呼びます）が生まれています。

いくつか論文を読んでいくうちに、そのような現象はスターバーストと呼ばれるものであることがわかりました。正しくは burst of star formation で、日本語にすると「爆発的星生成」です。

近傍宇宙にある渦巻銀河を調べてみると、数％の数の銀河の中心領域でスターバーストが起こっています。比較的稀な現象ですが、「数％」は見過ごせない割合です。

日本では当時、スターバースト現象はあまり注目されていなさそうだったので、私はスターバーストを調べてみようと思い立ちました。

議論できる研究者はいるか？

その頃、東京大学東京天文台の木曽観測所（**図14**）では、口径105センチメートルのシュミット望遠鏡（**図15**）を用いて「木曽紫外超過銀河サーベイ」（KUGと

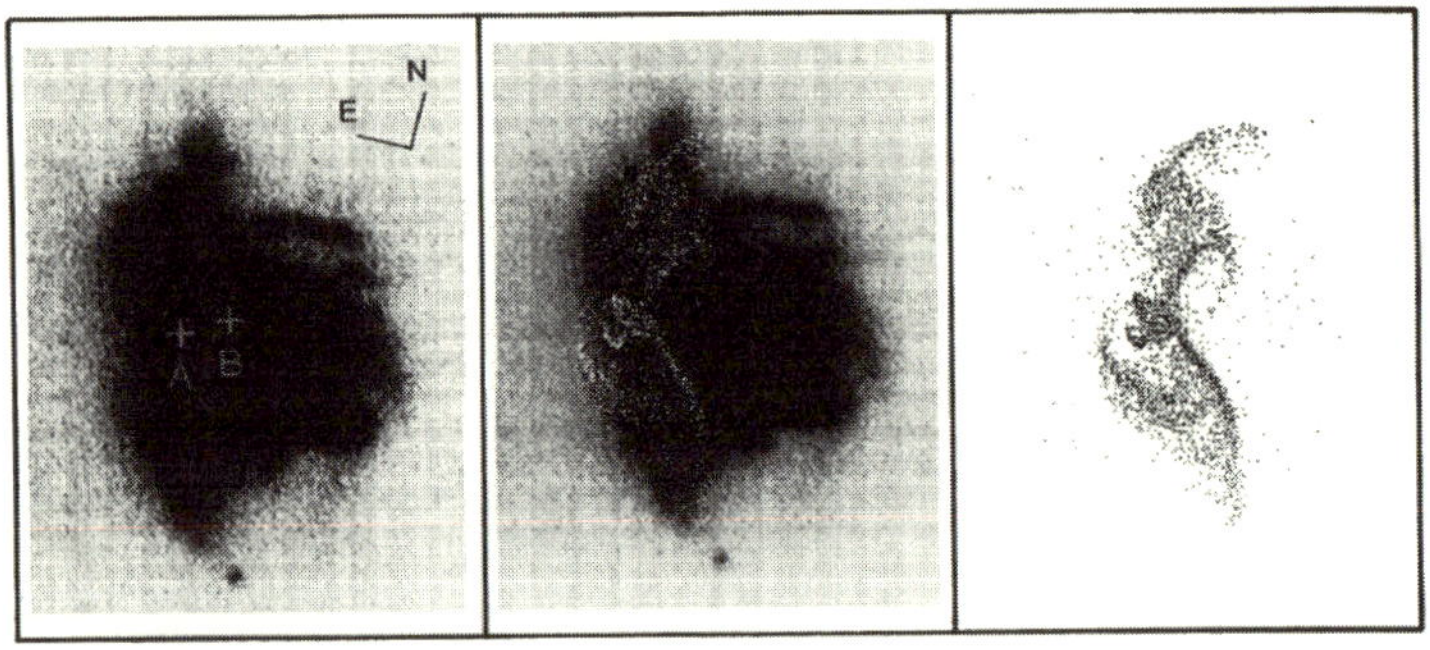

図13　マルカリアン 297 の形態を説明する「翼銀河モデル」　翼を作っているのは，衝突で形を歪められた銀河．真ん中のパネルで，右半分の部分は左半分とは別の銀河

略称）の名で呼ばれる青い銀河の探査プロジェクトが進められていました。じつは、そこで捕らえられたKUGに属する一群の銀河には、スターバースト銀河もたくさん含まれていました。サーベイは、別名掃天観測とも言います。大質量星は表面温度が高く、青い色をしているので、スターバースト銀河は青い銀河として観測されるためです。話は本筋をはずれますが、これらの天体の探査では、多くの人の仕事ぶりを目の当たりにし、また親しくお付き合い願うことになりました。

東京天文台の教授で初代台長を務められ、KUGの探査をされていた

図 14　東京大学天文学教育研究センターが運営する木曽観測所のドーム　長野県木曽町／東京大学木曽観測所提供

高瀬文志郎先生や、木曽観測所でシュミット望遠鏡でのKUGなどのサーベイ観測や望遠鏡の整備に当たっていた前原英夫さん、野口猛さん、当時は木曽観測所でKUGの観測をしており、現在は国立天文台の光赤外研究部に籍を置く宮内良子さんらに、いろいろと教えてもらいました。また、当時、岐阜工業短期大学から来ていた若松謙一先生（現・岐阜大学名誉教授）は銀河中心核で大質量星の集団が数珠のようにつながって生まれている銀河（「ホット・スポット銀河」と呼ばれる）の研究をされていました。これらの銀河も広義のスターバースト銀河なので、よく議論に付き合って頂きました。

図 15　木曽観測所にある口径 105 cm のシュミット望遠鏡　反射望遠鏡で主鏡の口径は 150cm ある．筒先には口径 105 cm の 4 次曲面補正板があり，超広視野の撮像観測ができる／東京大学木曽観測所提供

議論。それは研究を円滑に進める上で、とても大切です。

仙台には塊状不規則銀河の研究をされている田村先生がおられ、目を国内に広げれば、多くはないもののスターバースト銀河に関心を抱かれる研究者が、そこそこおられました。これが私の心の支えになり、スターバースト銀河の研究に勤《いそ》しむ原動力ともなりました。

遅れた博士論文

しかし、順調に博士論文作成が進んだわけではありません。

マルカリアン297の論文を踏襲して、岡山天体物理観測所をベースにスターバースト銀河の分光観測を行いました。しかし、日本の夜空は天気があまりよくなく、狙った天体をいつも計画通りに条件良く観測できるわけではありません。年間の晴天率が高いことが決め手となって岡山県浅口市に設置されたこの天体物理観測所をもってしても、観測開始から3年かかってようやく8個のスターバースト銀河のスペクトルが撮れただけでした。結局、これらのデータをもとに博士論文をまとめることにしました。

論文作成に1年半。観測開始から都合4年半をかけて仕上げました。

8個のスターバースト銀河の性質を調べ、なぜ銀河ではスターバーストが起こるのかを調べた論文です。

理学博士号を手にしたのは谷口、29歳の秋でした。

喜びの実感はあまり湧いてこず、「こんなものなのか」という半ば投げやりな感慨が去来したのを思い出します。

もちろん、論文にした意義はあります。しかし、たった8個の天体でまとめた論文です。100個、あるいは1000個の銀河を観測したのなら、一般的に有意な結論にたどり着くことができます。8個ではやはり無理なのです。

この結果は日本天文学会の欧文報告に発表しましたが、私自身の中には、何か腑に落ちないものがわだかまっていました。

優れた研究をすることは難しい。

学者になることは、さらに難しい。

博士論文を書き終えて私が抱いた感想でした。

「博士号の取得がそのまま学者への道を約束してくれるわけではない」

このことが身にしみてわかりました。また、

「天文学者になるのも、なかなか大変だな」

とも思ったものでした。

1・4　職業としての天文学者へ――ポスドクから助手へ

ポスドク

博士号を取得すると、自動的に身分はポスドクになります。ポスドクというのは、ポスト・ドクター（post doctor）の略です。身分としての略号は「ＰＤ」になります。

ポスドクには2種類あります。

1・任期付きだが、給与をもらい、研究する人

2・給与は一切なく、天下の素浪人のような人

2の場合は、オーバー・ドクター（ＯＤ）と呼ばれるのが普通です。

欧米でいうところのポスドクは、１に当たります。任期はだいたい2年から3年です。常勤ではないので、常にプレッシャーと闘いながら研究成果を出し続けなければなりません。

欧米では雇用する研究者の科学研究費からポスドクの給与がまかなわれます。日本でも、最近このタイプの雇用が多くなってきました。かくいう私も、現在では自分の科学研究費で1名のポスドクを雇用しています。

給与のもらえるポスドクという意味で、日本で最もありふれた形態が、日本学術振興会の

特別研究員の制度です。

日本学術振興会というのは、文部科学省の下に設置された、国内の学術研究の質を向上させることを目的とする会社組織（独立行政法人）の一つ。一般には研究者を養成するお金を支給する機関というのが最も良く知られた〝顔〟でしょう。特別研究員制度については後でも触れます。

ＰＤの場合、任期は3年。月額30万円程度の給与と100万円程度の科学研究費がもらえます。博士号取得後、まずは目指すのがこの特別研究員のポジションです。

〝古き悪しき時代〟

私がポスドクの時代にも、日本学術振興会の研究員制度はありました。当時は、特別研究員という呼称はなく、一般研究員と呼ばれていました。任期は1年、給与が月額11万円でした。

かてて加えて最悪だったのは、採択率が非常に低いことでした。今では、競争率が3倍から5倍だが、当時は10倍近くあったので、一般研究員になることは不可能という感じでした。したがって、当時のポスドクの大半は、〝天下の素浪人〟に甘んじなければなりませんでした。

彼らがオーバー・ドクター（ＯＤ）と呼ばれていたことは、先の項目2と事情がまったく同じです。

私が大学院に進んだとき、4講座からなる天文学科には修士から博士までの大学院生が8人いました。加えてＯＤの人数は約10人でした。

その状況を見て、自分が学者としてやっていけるとは思えませんでした。ＯＤの人たちはどう見ても私より優秀でした。でも、彼らのうち、日本学術振興会の一般研究員になっている人は一人いるかいないかです。そして、その一般研究員ですら就職できずにいるのです。

つくづく思いました。

「いやはや、とんでもない世界に飛び込んだものだ」

舞い込んだ幸運

ＯＤの人たちの状況を見て、私は暗澹たる気持ちでいました。

「自分が、日本学術振興会の一般研究員になることはないだろう」

そう思っていました。

ところが、不思議なことが起こりました。

日本学術振興会の一般研究員に私が選ばれたのです。その通知が飛び込んだのは、私が博士後期課程4年目の途中で、まだ博士論文を仕上げる前のことです。この知らせには驚きました。

個人的には大変助かりました。なぜなら、私はその頃、結婚したからです。就職の当てもない状況で、何か収入がなければ、生活もままなりません。そのような身にとって一般研究員に選定されたことは、まさに渡りに舟でした。

しかし、なぜ私が日本学術振興会の一般研究員になれたのか？　これは不思議でした。

「なぜだろう？」

どう考えてもわかりませんでした。

ただ、申請書を心を込めて書いたことだけは憶えています。締め切りの次の日から出張だったので、必死の思いで書きました。ワープロもパソコンも普及していなかった時代なので、もちろん手書きです。

まだ春だというのに、蒸し暑い夜でした。

額からこぼれる汗が用紙に滲んだりしないよう慎重に申請書を作成した記憶があります。察するに、執念のようなものが取り憑《つ》いて、力のこもった申請書になったのかもしれません。しかし、これは後付けの理由に過ぎず、私が選ばれた本当の理由は、今もって謎です。

地位が人を作る

日本学術振興会の一般研究員になるまで、私は自他とも認める〝ダメ〟な大学院生だったと思います。

特段、目立った研究成果があったわけでもありませんでした。スターバースト銀河という多少珍しいテーマで研究を行っていたとはいえ、研究手法はと言えば、新味に欠ける分光観測でした。

そんな私が一人前の研究員の歩みを始めることができたのは何故だったのでしょう？　思うに、たぶん、「研究員という地位がそうさせた」と言っていいでしょう。

一般研究員になってから、やはり覚悟のようなものができました。

私より優秀な先輩諸兄をさしおいて一般研究員に収まっているのは、それはそれで気骨の折れるものです。やるべきことは一つしかありませんでした。どんどん論文を書くことです。一般研究員という地位が、私に学者としての自覚をもたせ、後押ししてくれたのだと思います。

そして、就職

結局、就職にこぎ着けたのは32歳のときでした。

就職先が東京大学東京天文台銀河系部だったことはすでに述べた通りです。勤務先は私の大学院生としての最初の観測テーマであるＫＵＧ、つまり「木曽紫外超過銀河サーベイ」の故郷、木曽観測所でした。

現役で大学に入学し、途中留年なしに順当に学部を卒業して就職する年齢は22歳です。32歳というのはこれと比べると10年も遅い巣立ちです。専攻分野や研究テーマにもよりますが、学者になるのは大変だということです。

早い人では、博士後期課程を終えて助手（今でいう助教）に採用されることもありました。しかし、天文学の分野ではまれです。30歳前後が普通で、遅い人になると35歳、あるいは40歳を越えることすらあります。

かつて、司法試験合格を目指す浪人生を数多く生み出した時代（昭和時代）がありましたが、その頃と状況は似ています。

次代の科学の発展を担うべき学者の養成は大変だということです。ただ、日本だけが特別そうだというわけではありません。

世界を見渡しても、ひとりの研究者の卵を学者として一本立ちさせるのには、劣らず長い年月がかかります。

研究員制度 —— 欧米と日本と

ただ、欧米の方が少し楽だとは言えます。なぜなら彼我において、大学院での待遇が大違いだからです。

学費は、欧米では基本的に免除されます。日本では、国立大学法人（いわゆる国立大学）の学費は年間50万円を超えます。これが全額免除されるなら、これほど楽なことはありません。

さらに欧米では、大学院生に給与が支払われます。

欧米では教官の科学研究費から、リサーチ・アシスタント（研究の補助）、あるいはティーチング・アシスタント（講義の補助）として働く対価として給与が支払われるのです。

これは、逆に言うと、科学研究費をとる事ができない教官は大学院生を指導することができないということを意味しています。現在では、日本の大学でもこれら給与給付の制度はあります。

しかし、欧米での給与は月額10万円を超えるのに対して、日本ではその半分以下でしかありません。

欧米の大学院生の生活を見ていると、まず住むところから違います。数部屋ある一軒家（あるいはアパート）を複数の人で借りるシステムが普通です。いわゆるルームシェアです。こうすると、月々の負担額が確実に安くつきます。

さらに、欧米の大学院では宿題が多く、朝から晩までその対応をしないと追いつけません。つまり、遊んだりアルバイトをしたりしている暇はありません。無駄なお金を使う時間が生じないようになっているのです。

そのため、大学院時代に必要なお金は日本よりは圧倒的に安く済むようになっています。日本の大学院生のライフスタイルとはかなりのギャップがあるという印象です。

しかし、この差は、制度の差だけではありません。

プロテスタントのキリスト教精神が横溢する欧米人社会では、「プロフェッショナル」という言葉の捉えかたが、日本人社会とは根本的にと言っていいほど違います。

19世紀末～20世紀初頭に社会学創建期の代表的社会学者のひとりマックス・ヴェーバーの講演「職業としての学問」や著書『プロテスタントの倫理と資本主義の精神』に端的に示されているように、プロフェッション（職業、キリスト教〈プロテスタント〉的には、聖職者になる際の誓いの意味もある）に対する意識が非常に強いのです。

したがって彼らにあっては、大学院に入って学者を目指すことは、まさに真剣勝負なのです。

彼らには休む暇などないのです。

それにひきかえ最近の日本では、モラトリアムで大学院に入学してくる人が多くなっている傾向があります。

天文学者になってよかったか？

「天文学者になってよかったか？」

この問いには残念ながら即答はできません。

私は、還暦に近い年齢を迎えましたが、学者生活を振り返ってみると、苦しいことの連続だったようにも思えます。

もちろん、感動を覚えるような研究成果を出したときは大きな喜びを感じたものです。いわゆる「サイエンティフィック・ハイ」です。

「この論文を書くために天文学者になったのかもしれない」

と思ったこともありました。

最初ははかばかしい展望にも事欠いていた私が、気がついてみると300編もの論文を書き、20冊もの著書を世に送っていました。思いもよらないことでした。

常日頃、自分の能力に疑問を抱きながら、学者生活を送るのは疲れるものです。

何はともあれ、高校時代の自分の夢がかなったことは事実です。それ自身は大変喜ばしいことです。

考えてみれば、今日の学者としての自分をかくあらしめたのは、「己に対して忠実なれ」の精神だったのかもしれません。

第二部　学者の生活

2・1 天文学者とは何か？——会社員のごとし

さて、私は32歳でようやく天文学者の仲間入りを果たしました。２０１５年は還暦で60歳ですから、28年間も天文学者をやってきたことになります。これまでの経験から天文学者という仕事について、話をすることにしましょう。まず、学者とは何でしょうか？　いつ頃のことか忘れましたが、「なぜ学者と呼ぶのだろう？」という疑問を持ったことがあります。

たとえば、音楽のプロは音楽家と呼びます。音楽者とは呼びません。また、小説を書く人は小説家です。ところが、学者は学者であり、学家とは呼びません。

一方、学者のように「者」がつく職業もあります。医者、忍者、芸者などがすぐ思い浮かびます。医術を操る者なので医者。忍術を操る者なので忍者。すると、学術を操る者が学者なのでしょうか。これは一つの解です。

ところが芸者で躓《つまず》きます。芸術を操る者なので芸者になりますが、芸術家もあるからです。なかなかの難問であることに気がつきました。

学者は探偵

なぜ学者と呼ぶかについてはまだ答えをもっていませんが、学者の本分について考えてみましょう。

ある現象が起きたとします。

その現象を起こしたものは何か？

それを突きとめるのが学者の仕事です。つまり、有《あ》り体《てい》に言えば犯人探しをしているようなものです。したがって、学者という職業は探偵稼業に似ています。

・星が生まれた。　なぜ、生まれたのか？
・銀河が生まれた。　なぜ、生まれたのか？
・宇宙が生まれた。　なぜ、生まれたのか？

要するに、こういう問答をしているのが天文学者です[29]。

注29　ちなみに、最近の5年間の生活ぶりについては、拙著『天文学者の日々』（２０１２年、創風社出版）を参照のこと。

しかし、子供の頃は天文学者がどのような仕事をするのか、よくわかっていませんでした。

当時、思い描いていた天文学者のイメージは山奥の天文台で夜ごと星を眺めて暮らす生活でした。高校時代でも、やはり天文学者という職業はよくわかりませんでしたが、会社に勤めるのとは違うだろうな、ということは感じていました。私がイメージしていたのは次のようなことでした。

天文学者

・人里離れた天文台にいる
・基本的に、一人で仕事をしている
・夜ごと、空を眺め暮らしている
そして、
・天文学を研究する

会社員

・朝9時から夕方5時まで働く
・大部屋で自分の机に向かう
・会社の意向で仕事をする

こうしてみると、会社勤めの意味もあまりよく理解していなかった感じで、やや恥ずかしくなります。一口に会社員といっても、職種や職階によって、仕事の質は多岐にわたるはずです。じっさい、会社に勤めながらノーベル化学賞を受賞した（株）島津製作所フェローの田中耕一さんや、会社と喧嘩別れしてノーベル物理学賞を受賞した、現・カリフォルニア大学サンタバーバラ校教授の中村修二さんのような方々もいます。

会社勤めと一括《くく》りにいえるほど、単純ではないことがわかります。ただ、高校時代、私の職業に関する知識は乏しく、将来のイメージがつかめずにいました。それでも、漠然とですが、天文学と無縁の会社に勤めるよりは、天文学を研究する天文学者になってみたいという気持ちの方が強かったことは確かです。

天文学者という仕事

いざ、天文学者になってみると、自分が抱いていたイメージとは違っていました。

「山奥の天文台で夜毎一人コツコツ、星や銀河を観測する」

そういう生活ではありませんでした。

私が最初に天文学者として働き始めたのは長野県の三岳村にある木曽観測所という天文台です。まさに憧れの天文台勤務でした。所員には観測当番と呼ばれている業務があり、月のうち、数日は観測所に泊まり込みで観測をします。晴れていなければ、オフィスで徹夜仕事をします。いつ何時晴れ間が見えるかもしれないので、朝まで起きていなければならないためです。高校時代に抱いていたイメージに近いものの、観測当番は月にたった数日のことです。けっきょくのところ、大半は9時から5時までのオフィスワークなので、普通の会社員のような生活です。当てが外れたとも言えますが、天文学を研究する生活なので、大変満足の行く職場でした。

研究生活を始めてわかったことは、研究者は普通の会社員や公務員に比べると出張が多めかもしれないということです。私のように観測的な研究をしている場合、観測データを得るために天文台に出かける必要があります。また、学会や研究会での発表も必須です。これらを全部こなすと、年間の2割ぐらいは出張していることになります。

まず学会ですが、私の所属している日本天文学会では1年に2回、年会を開催しています。3月の春期年会と9月の秋期年会です。

私が大学院生の頃は、東京大学、京都大学、そして東北大学が天文学の御三家でした。そのような事情から、春期年会は常に東京で行い、秋期年会は、(厳密ではありませんが)京都大学と東北大学が持ち回りで開催地を引き受ける形で運営されていました。しかし、今では多くの大学に天文学者がいるようになったので、東京でやることはかえって稀になってきました。

学会に参加する主な目的は、

1・研究成果を公表する

2・併せて開催される各種会合に参加する
3・共同研究している仲間との打ち合わせ

などです。もちろん、天文学会の会員が参加を義務づけられているわけではありません。しかし、普通に研究している人はほぼ毎回、年会に参加していると思います。また、年会は大学院生やポスドク研究員にとっては、顔と名前を売る絶好のチャンスです。参加しない手はありません。

学会の他に、さまざまな研究会が開催されます。自分の研究分野や関係が深いテーマで行われる研究会にはできるだけ参加するようにすべきです。耳学問ができるだけではなく、最近の研究の動向も把握できます。また、参加者同士が会話することで、新たな研究テーマを思いつき、共同研究がスタートすることもあります。

学会や研究会は国内だけで行われるものではありません。天文学の国際的な学会があり、国際天文学連合（International Astronomical Union、ＩＡＵと略されます）と呼ばれています。3年に1度、総会が開催されます。日本では1997年に京都で開催されました。最近では、2003年－シドニー（オーストラリア）、06年－プラハ（チェコ）、09年－リオデジャネイロ（ブラジル）、12年－北京（中国）、そして、15年－ホノルル（米国）となっています。総会では天文学に関する重要事項の議論や決定を行います。最近話題になったのは、冥王星が惑星ではなく、新しいカテゴリーである「準惑星」になったことです。子供の頃、太陽系の惑星の名前を「水金地火木土天海冥（すい・きん・ち・か・もく・どっ・てん・かい・めい）」とおぼえましたが、今では「冥」を外して「水金地火木土天海（すい・きん・ち・か・もく・どっ・てん・かい）」に変更しなければならなくなりました**。

注** ２００６年に米航空宇宙局（ＮＡＳＡ）によって打ち上げられた冥王星探査機「ニュー・ホライズンズ」が９年後の２０１５年に漸く冥王星に接近、この準惑星が惑星とどのように違うのかなど、冥王星の特徴を詳しく探査する作業を開始した。

ちなみにＩＡＵの会長に選ばれた日本人は、東京大学などの名誉教授である古在由秀さん（元国立天文台長：ＩＡＵ会長の任期は１９８８－91年）と、現・放送大学教授の海部宣男さん（元国立天文台長：同連合会長任期は２０１２－15年）の二人です。

国際天文学連合が主催するシンポジウムが総会の時期に合わせて開催されます。これが最も大規模な天文学関係の国際研究会です。この他にも自分の研究テーマに深く関連する研究会は年に数回は開催されるので、全部参加していたら、大変なことになります。自分の研究成果発表に最も有効な研究会を選ぶことが大切です。

2・2　旅の空

世界が舞台

そもそも、天文学は日本人だけがやっているものではありません。さまざまな国の天文学者が、自分たちの住む宇宙の謎を解明しようと努力を続けています。もちろん、天文学だけでなく、あらゆる研究分野が国際的に行われていると言ってよいでしょう。そのため、歳を重ねてくると、研究はどんどん国際的になっていきます。私の場合、30代前半から、外国に行く機会も増え、国際共同研究も行うようになりました。

最初の国際共同研究のきっかけは、1982年に開所された国立野辺山宇宙電波観測所[30]にある口径45メートルの電波望遠鏡（**図16**）でした。

注30　開所当時は東京大学東京天文台の施設だったが、1988年からは国立天文台が管理・運用するようになった。

星はガスの雲から生まれますが、星が生まれるようなガス雲には分子がたくさんあります。分子は主として波長がミリメートル程度の電波を放射します。したがって、星の誕生を調べるとき、電波望遠鏡が活躍します。野辺山の電波望遠鏡はまさにミリ波帯での観測を行うために建設されたものでした。当時、世界最高性能を誇るミリ波電波望遠鏡だったので、国際的にも注目を集めていました。

私は共同研究者らと、スターバースト銀河（銀河の中心領域で激しく星を生成している銀河）やセイファート銀河（銀河中心核にある超大質量ブラックホールによる重力発電で強烈な電磁波を放射している銀河）の活動性の起源を探るために野辺山の電波望遠鏡を使って研究していました。しばらくこの研究プロジェクトをやっていると、米国の天文学者から声がかかりました。

図16　国立天文台野辺山宇宙電波観測所の口径45 m電波望遠鏡（© NAOJ）

「我われはハワイ島マウナケア天文台にある口径15メートルの電波望遠鏡ＪＣＭＴ（**図17**）で同じような銀河の観測を計画しています。一緒にやりませんか？」

こう声をかけて来たのはマサチューセッツ工科大学のジュディ・ヤングとニック・デヴェロー博士たちでした。私たちは一酸化炭素分子の放射する周波数115Ｇ《ギガ》ヘルツの放射を観測していました。ＪＣＭＴを使うと同じ分子由来の、周波数345Ｇヘルツの放射が観測できます。

口径はＪＣＭＴの方が３分の１しかありませんが、３倍高い周波数を観測すると、全く同じ天域（15秒角：１秒角は１度角の３６００分の１）を観測できます。しかも、異なる周波数で観測することで、分子ガスの温度や密度の情報を得ることができます。この申し出を断る理由はありませんでした。そうして、私たちは、４年間、共同研究を続けることになりました。

外国の天文台

私が最初に訪問した外国の天文台はＪＣＭＴではなく、１９８７年、南米のチリ共和国にあるセロ・トロロ汎米天文台（Cerro Tololo Inter-American Observatory、略してＣＴＩＯ、〈**図18**〉）でした。この天文台は米国国立光学天文台が運用する天文台の一つで、米国アリゾナ州にあるキット・ピーク天文台（Kitt Peak National Observatory、略してＫＰＮＯ）の南米版という位置づけの天文台です。

図17 JCMT（James Clerk Maxwell Telescope） 筒型のドームの中に口径 15 m の電波望遠鏡が設置されている．しかし，マウナケア山の山頂では風にダストが巻き上げられるので，「レドーム」と呼ばれるシート状の保護膜で望遠鏡を守っている．

「ＣＴＩＯは遠かった!!」

というのが私の印象です。

できるだけ旅費をおさえるために、カナディアン・パシフィック航空を利用し、カナダのバンクーバー、トロントを経由して、さらにペルーのリマに飛び、ようやくチリの首都であるサンチャゴに着きます。

サンチャゴ市内にあるゲストハウスで一泊し、翌日、国内線でラ・セレナという町へ移動します。そこから車で約2時間。ようやくＣＴＩＯに到着です。

ＣＴＩＯのある場所の標高は２２００メートルしかなく、マウナケア天文台の４２００メートルに比べると低地ともいえる場所です。南米の太平洋側には還流が流れているため、雲が出ても低くたれ込める傾向がありま す。そのため、標高２２００メートルでも雲海の上に出るので、天候は安定して晴れるのです。天文台では観測者

図18　セロ・トロロ汎米天文台（CTIO）の口径 4m 望遠鏡のドーム　入口を背にして立つのは著者.

一人に車が一台あてがわれます。宿舎からドームまでの移動に使うためです。たいした距離ではありませんが（車で数分）が、山道を歩くには大変だからです。当時、車はフォルクスワーゲン・ビートルのマニュアル車で、クラッチが異常に重かったのが記憶に残っています。日中、空を見上げるとコンドルが悠々と舞っていて、南米にいるのを実感できました。ピューマもいるそうですが、幸い出くわしませんでした。

銀河系の衛星銀河である大マゼラン雲と小マゼラン雲を、このとき初めて見ました。まさに雲のように見え、銀河なのにマゼラン雲と「雲」付けで呼ぶ理由がわかりました。米国から来た天文学者の中には、本当に雲だと思った人がいたそうです。

「今夜も西に雲あり」

観測日誌に、夜ごとこの一文を書いていたそうです。

私たちの観測は87年の1月だったのですが、2月には大マゼラン雲で超新星SN1987Aが出現し大騒ぎになり、この歴史的でき事の機会を逃すまいと、南米の天文台はSN1987Aの観測に全力を注ぎました。私たちの観測がもしこの超新星の出現後だったら、観測時間を超新星観測の枠にまわされていたはずです。天文学の研究というのは、まさに宇宙の采配に操られているということです。

CTIOの次に訪れた天文台はマウナケア山にある口径2・2メートル望遠鏡（ハワイ大

学天文学研究所が運用）のある天文台（**図19**）です。口径2・2メートルは88インチに相当するのでUH88と呼ばれています。UHはUniversity of Hawaiiです。観測者はハワイ島のヒロ空港に着くと、空港内に駐車場に停めてあるUHの公用車を探し出し、自分で運転してハレポハクと呼ばれる宿泊所（**図20**）まで行きます。標高2800メートルにあるホテルで、ハレポハクはハワイ語で「石の家」という意味です。観測はオペレーターが一人いて補助してくれますが、大学のプライベートな天文台なので、ほのぼのとした雰囲気の施設です。

UH88の例でもわかる通り、欧米のメーカーが制作した望遠鏡の口径はインチ単位で言い表されるならわしになっているので、これを踏襲して、米国パロマー山のヘール望遠鏡（5メートル望遠鏡）の伝統的呼び名は、200インチ望遠鏡です。メートル法で言えば5メートルです。

図19　UH88のコントロール・ルームでしばしくつろぐ著者

ちなみに岡山天体物理観測所の望遠鏡の口径、188センチメートルは74インチであるため、私たちは岡山の望遠鏡のことを親しみを込めて〝七四《ななよん》〟と読んでいました。

UH88での最初の観測は1988年でしたが、このときは国際枠の観測時間に応募して採択されたものです。UH88のある研究所のアラン・ストックトン博士が制作した微光天体分光器を使う観測だったので、博士も観測に同行してくれました。手作り感のある分光器で、博士の言葉には驚きました。

「この分光器のスリット開口部は日本製のかみそりの刃を2枚向き合わせて作ってある。日本製がいちばんだよ」

分光器に導かれた天体の光はスリットと呼ばれる細いすき間を通過してプリズムなどの分散系に入っていき、波長ごとの光の強度を表す「スペクトル」が得られます。スリットはきれいな平行線を保って空いている必要がありますが、まさか日本製のかみそりの刃が使われていると

図20　ハレポハク宿泊所

は思いませんでした。ストックトン博士は、自分のひげを剃る時も、日本製のかみそりを使っているのでしょう。

どの天文台も最初の観測には想い出がいっぱいあります。UH88とは、そのあと10年以上も付き合うことになり、私の大好きな天文台の一つになりました。マウナケアにはもう一つ、大好きな天文台があります。言わずと知れた、「すばる望遠鏡」です。日本の国立天文台が運用する口径8・2メートルの大望遠鏡です。2000年の共同利用観測の開始以来、何十晩もすばる望遠鏡で過ごしました。

もちろん、嫌いな天文台は一つもありません。

マウナケアには口径10メートルのケック望遠鏡が2台、米国国立光学天文台の運用する口径8・2メートルのジェミニ北望遠鏡（南望遠鏡はチリのアンデス山中にあります）、英国やNASAの運用する赤外線天文台が2台、米国のカリフォルニア工科大学が運用する口径10メートル・サブミリ波天文台。私はこれらの天文台をすべて使用した経験があります。それぞれ特徴のある天文台で、貴重なデータを取得できました。振り返ってみれば、大半は外国人研究者らとの共同研究であり、使用した天文台のみならず、彼らとの交流から得たものは大きな財産になりました。

宇宙望遠鏡

素晴らしいけど、身近な輸送手段では辿り着くことのできない望遠鏡。それは宇宙望遠鏡です。私が使ったことのある宇宙望遠鏡は三つあります。日本のX線宇宙望遠鏡ASCA（アスカ）、ヨーロッパの赤外線宇宙天文台ISO（読みは「アイソ」、フランス人は「イゾ」と発音する）、そしてハッブル宇宙望遠鏡（HST：これはアルファベット通り「エイチ・エス・ティー」と発音する）です。いずれも国際共同研究で使いました。

ASCAを使った研究は国際共同研究とはいえ、個人的なつながりの研究なので、プライベートな範疇に入るものでした。しかし、ISOとHSTを使った研究は大掛かりな国際共同プロジェクトでした。

ISO、そして「すばる」へ

まず、ISO（**図21**）です。

ISOは欧州宇宙機関（ESA＝European Space Agency）が1995年に打ち上げた口径60センチメートルの赤外線宇宙天文台で、98年まで観測を続けました。観測できる波長は近赤外線帯の2・5マイクロメートルから遠赤外線帯の波長200マイクロメートルまでありました。

私は近赤外線帯での銀河の研究を行った経験はありましたが、宇宙望遠鏡の使用経験はありませんでした。

では、なぜ私はＩＳＯに関わることになったのでしょうか？　それは、当時、日本で赤外線天文学をやっている人間が少なかったからだと思います。今では、すばる望遠鏡で近赤外線から中間赤外線の観測ができます。２０００年から共同利用観測が開始され、２０１５年までで15年が経過しています。

また、独立行政法人・宇宙航空研究開発機構（ＪＡＸＡ）も「あかり」という名前の全天サーベイ型赤外線宇宙天文台の運用（２００６－07年）も行い、大きな成果をあげました。

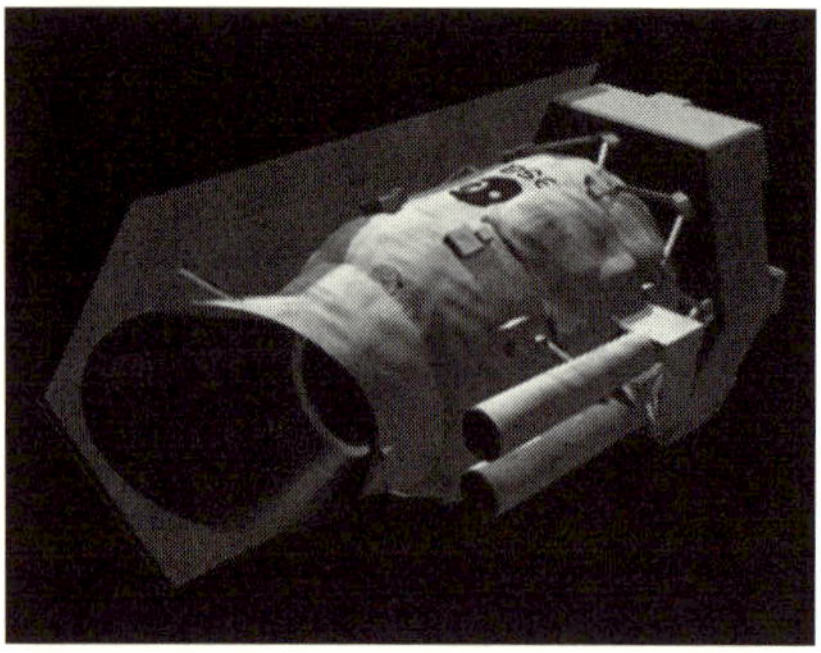

図21 宇宙空間のISOの想像図　宇宙空間軌道上の ISO は，耐熱板が絶えず太陽面に向けられ，これで，赤外線望遠鏡への影響が防止できる．

したがって、赤外線で研究する天文学者の人数も飛躍的に増えました。しかし、ＩＳＯで研究する機運が出た１９９０年代初めの頃は、日本の赤外線天文学コミュニティーは小さかったのです。そのため、ＣＴＩＯやＫＰＮＯで近赤外線の観測経験のある私にも声がかかったというわけです。

ＩＳＯは全天サーベイ型の望遠鏡ではなく、個別の天体の観測や、深宇宙探査（ディープ・サーベイ）が可能な、新たなタイプの赤外線宇宙天文台でした。そのため、どのような観測をすれば最もエキサイティングな成果が得られるか、白熱した議論が行われました。

それもそのはずです。文部科学省宇宙科学研究所（現在のＪＡＸＡ）が一定額の供託金をＥＳＡに支払うことで、日本枠の観測時間が確保されていたからです。

天文学といえども、今日ではカバーしている分野は多岐にわたります。銀河系内の星や星間ガス（星と星の間にあるガスや塵粒子）、銀河系以外の銀河（系外銀河と呼ばれます）、そして宇宙論などです。

私は銀河・宇宙論の分野をカバーするグループに入りました。グループで議論を進めるうちに、どうせやるなら深宇宙探査をやろうという方向に話が進み始めました。中間赤外線から遠赤外線の波長帯では、まだ深宇宙探査は行われていなかったことに着目しての議論でした。

「やれば、世界でトップに立てる」

やらない手はありません。

私たちのグループはこのプランを練り上げ、ＥＳＡに打診することになりました。

そしてＥＳＡから返事が来ました。

「ＯＫだ。しかし、米国も同様な提案をして来ている。共同戦線を張ってやってくれないか」

この返事には少し驚きました。私たちはＩＳＯの日本枠で計画を練っていたのです。それなのに、米国と一緒にやれとは。他の国のチームが入って来たら好きなようにできません。

私は宇宙科学研究所の人に早速連絡を入れました。

「米国のどのチームですか？」

「ハワイ大学です」

「まさか……」

「はい、そのまさかです。ハワイ大学天文学研究所のレン・カウイたちのグループです」

これには参りました。

カウイは国際的に超有名な天文学者で、深宇宙探査のプロ中のプロです。実績のない私たちが組む相手ではありません。

「どうしても一緒にやらなければならないのでしょうか？」

「ＥＳＡの意向なので、断るわけには……」

確かにそうなのです。衛星の観測時間は貴重です。

赤外線観測用の宇宙望遠鏡の場合、データの雑音を抑える目的で装置を液体ヘリウム（絶対温度約４度）で冷却するので、ヘリウムがなくなれば寿命が尽きます。限られた期間しか運用ができないので、少しでも効率を高めた観測をせざるをえないのです。

同じようなテーマで二つ以上の観測提案を実行することは、まずありえません。〃時間の無駄〃以外の何物でもないからです。

けっきょく、カウイのチームと共同で提案することに落ち着きました。

日本、米国、さらにＥＳＡ関係の人が一人参加することになったので、形式的には日米欧の国際チームになりました。

１・原始銀河探査：波長７マイクロメートル帯（中間赤外線）
２・原始クエーサー探査：波長90マイクロメートル
　波長175マイクロメートル帯（遠赤外線）

相談の結果、二つのディープ・サーベイを行うことにしました。

これらの探査で狙うのは、ダストに隠された遠方宇宙にある若い銀河です。ここでクエーサーは銀河中心核にある超大質量ブラックホールの重力エネルギーを電磁波のエネルギーに変えて、異常に明るく輝く銀河です。

波長７マイクロメートル帯は、人類がまだ挑戦していなかった波長帯です。いったい、どんな銀河が見つかってくるか、大変楽しみでした。

しかし、初挑戦にはリスクも伴います。何も見つからない可能性があるからです。ＩＳＯに搭載されていた中間赤外線カメラの視野はわずか3分角×3分角（1分角＝1度角の60分の1）です。月の見かけの大きさが30分角であることと比べると、いかに狭い空を見るかがわかると思います。

宇宙科学研究所のＩＳＯ担当の責任者であった奥田治之先生も心配顔でした。

「谷口さん、何個ぐらい見つかりそうですか？」

「期待値は2個です」

「うーむ」

という感じです。

しかも、困ったことが起きました。

ＩＳＯ打ち上げ後調べたところ、カメラの感度が地上での実験より少し落ちているという知らせが届いたのです。

我々のチームは確実に未知の銀河を捉えるために四つの天域を探すことにしていました。期待値が2個というのは、天域一つ当たりの話です。打ち上げ後の感度を考えると、天域を一つに絞り、集中して観測するしかありません。

でも、これは冒険です。いや、大冒険と言った方がよいぐらいです。私たちの中間赤外線帯のサーベイに与えられた総観測時間は13時間。「このすべての時間を一つの天域にかけるか？」

そして、ESAから連絡が来ました。

「24時間以内に決断せよ」

私はカウイ氏と連絡を取り、相談しました。私たちの決断は
〝一つの天域に賭ける〟

でした。覚悟を決めてESAに連絡を送りました。

「Go！」

「うまくいくかどうかは時の運」そういう心境でした。

そうこうしているうちに、ESAには不穏な噂が流れ始めました。

「日本人はクレージーだ。すべての観測時間を一つの天域の観測に賭けるなんて……」

確かにそういわれてもしかたのない決断でした。自分たちに言わせてもらえるなら、私たちの行っていた銀河検出のシミュレーションの結果を信じて下した判断、つまり、

「期待している対象は、13時間かけなければ検出できない。だったら、一天域に13時間かけるしかない」

そういう論理だったのです。失敗したら自己責任。それだけのことです。しかし、天は私たちを見放しませんでした。検出できたのです。しかも、55個も見つかったのです。これには奥田先生も大喜びでした。スペインのマドリード近郊にヴィアフランカという町があります[31]。そこで1997年、ESA関連の国際研究会が開催されました（**図22、23**）。私の発表に参加者らは度肝を抜かれたようです。

注31　スペインの首都マドリードの西30キロメートルにあるヴィアフランカにはESAが衛星を運用する研究機関ESACがある（**図22**）。当時ここで、私の研究室で学位を取得した佐藤康則氏が研究員としてISOの運用に従事していた。

そしてその後、なんとESAの研究者らまでが、私たちと同じ戦略を採用し出しました。結果的には、私たちの英断がISOの研究成果を増やしたことになるので、良しとするしかないですね。

ISOから「すばる」へ

「ISOの成果はお釣りが来ていいほど完璧なものだった。では、その後をどうするか？」いくつかのオプションがあり、少し悩みました。

その頃、国産の赤外線宇宙天文台「あかり」（当時はまだ開発中で、「第21号科学衛星（略してASTRO‐F）」というコードネームで呼ばれていた）計画が進められていました。

「ISOの経験を生かして、『あかり』プロジェクトに参入する」

これは自然な流れです。

図22　ヴィアフランカにあるESAC全景

一方、国立天文台がハワイ島マウナケア山に建設していた「すばる望遠鏡」の〝開眼（ファーストライト）〟もすぐそこに控えていました。

「『すばる』で、また可視光に戻るのも悪くない」

何となくそんな印象をもっていました。

図23　ヴィアフランカの史跡を散策する著者

銀河の研究の一つの究極的な目標は原始銀河探査です。

「銀河はいつ、どのように生まれたのか？」

という問題です。

「この問題を追及するのであれば、『あかり』より『すばる』の方がよい」

そう判断したのです。

けっきょく、私は可視光に戻ることにしました。

そして、1999年。すばる望遠鏡がファーストライトを迎えました[32]。

注32　すばる望遠鏡のウェブサイトで、ファーストライトの模様を見ることができる。

図24　すばる望遠鏡のドームの前で　ハワイ島マウナケア山の山頂近く，海抜約4200 mの高さでは，空気が富士山頂より希薄．ここでの観測作業は慣れないと大変だ．

「ファーストライト」というのは試験観測を経て、科学的な研究に用いることができる画像を初めて一般に公開するイベントのことです。
公開されたファーストライトの画像を見た瞬間に思いました。
「これは勝てる」
ハッブル宇宙望遠鏡は

2005年に「ハッブル・ディープフィールド（HDF）」と呼ばれる深宇宙探査を敢行しました。その結果、1996年には125億光年彼方の銀河が発見されました。

すばる望遠鏡の一つの目的は、まさにこのような遠方銀河を見つけ、それらの性質をつぶさに研究することにありました。銀河の誕生過程を見る研究です。

「しかし、ハッブル宇宙望遠鏡に出し抜かれ、果たしてすばる望遠鏡でやるべきことが残っているのだろうか？」

96年には、そんなことを考えていました。その懸念が一気に払拭されたのです。すばる望遠鏡を使えば、遠方銀河探査ができる（**図24**）。そして、ファーストライトで実証されたすばる望遠鏡の高性能があれば、必ずできる。私はそう確信したのです。

なぜ、そう確信できたのか？

答えは簡単です。すばる望遠鏡には他の口径8メートル級の望遠鏡にはない広視野カメラがあるからです。

口径8メートル級の望遠鏡は天体からやってくる光をたくさん集められるので暗い天体まで観測でき、それまであった口径4メートル級の望遠鏡ではできなかったことができるようになります。

天体の性質を詳細に調べるには、光をスペクトルに分けて行う分光観測が必要になり、すばる望遠鏡にも分光観測ができる装置があります。すばる望遠鏡の特色は、それに加えて、広い視野を一挙に観測できる、広視野カメラをも装備したところにあります。

そのカメラの名前は「スプリーム・カム（Suprime-Cam）[33]」（**図25**）。すばるプライム・フォーカス・カメラ（Subaru prime focus Camera）のアンダーラインの部分をつないでつくった略語です。

注33　Supremeは卓越したとか素晴らしいという意味の単語だが、それを意識した命名になっている。ちなみに今日では（２０１２年以降）、視野を大幅に広げたハイパー・スプリーム・カム（ＨＳＣ）に代替わりしている。

図25　すばる望遠鏡の初代主焦点カメラ，スプリーム・カム　ヘルメット姿は著者．

スプリーム・カムのワンショットでカバーできる視野の広さは34分角×27分角。月の見かけの直径が30分角なので、月の写真が一発で撮れることになります。

他の口径8メートル級望遠鏡のカメラの視野は数分角がいいところですから、スプリーム・カムの視野がいかに広いかがわかるでしょう。遠方の銀河の探査にはもってこいのカメラといえます。

そして私たちの研究グループはあっという間に125億

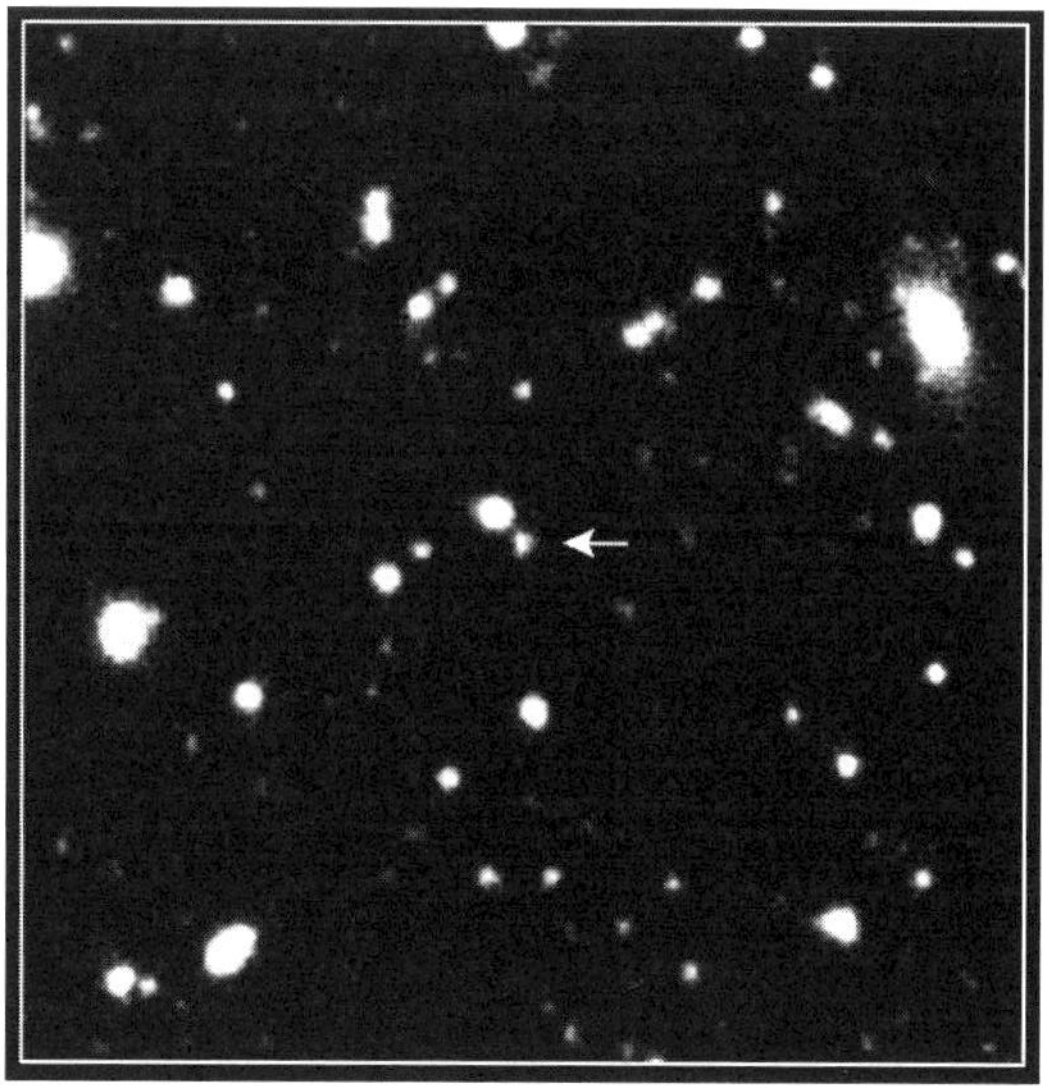

図26　著者らのグループが発見した125億光年彼方の銀河　すばる望遠鏡による観測（2002年）.

光年彼方の銀河を2個発見しました（**図26**）。２００２年のことです。さらに03年には128億光年彼方の銀河を発見。こちらの発見は「すばる・ディープ・フィールド（通称ＳＤＦ）」というプロジェクトの一環で行われたものです。

ＳＤＦは、すばる望遠鏡を作って来た人たちに与えられた観測時間を束ねて、大きなプロジェクト研究にしたものです。

私はすばる望遠鏡の外部の人間ですが、共同利用観測の特別枠で128億光年銀河の探査に参加することができ、大変幸せでした。すばる望遠鏡は、２００５年までは遠方銀河の記録保持者として君臨しました[34]が、これはまさにＳＤＦのおかげです（**図27**）。

注34　その後も国立天文台の家正則氏や東大宇宙線研究所の大内正己氏らが最遠銀河発見の記録を更新中。

最遠方銀河の世界記録　2005年版

No.	Name	z	Tel.	Method	Ref.
1	SDF132522	6.597	Subaru	NB	Taniguchi05
2	SDF132432	6.580	Subaru	NB	Taniguchi05
3	SDF132528	6.578	Subaru	NB	Taniguchi05
4	SDF132418	6.578	Subaru	NB	Kodaira03
5	HCM-6A	6.56	Keck	NB/GL	Hu02
6	SDF132408	6.554	Subaru	NB	Taniguchi05
7	SEXSI-SER	6.545	Keck	X	Stern04
8	SDF132415	6.542	Subaru	NB	Kodaira03
9	SDF132353	6.541	Subaru	NB	Taniguchi05
10	SDF132552	6.540	Subaru	NB	Taniguchi05
11	LALA142442	6.535	Keck	NB	Rhoads04
12	KCS1166	6.518	VLT	GRISM	Kurk04
13	SDF132418	6.506	Subaru	NB	Taniguchi05
14	SDF132440	6.330	Subaru	NB/Cont	Nagao04
15	0226-04LAE	6.17	CFHT/VLT	NB/Cont	Cuby03

図27　2005年における最遠方銀河の世界記録　最後のカラムで下線が引いてある行が，谷口チームの観測による記録.

「すばる」からハッブルへ

すばる望遠鏡の深宇宙探査が順調にいき始めた頃、米国カリフォルニア工科大学のニック・スコビル氏から次のようなメールが届きました。

「ハッブル宇宙望遠鏡（Hubble Space Tele-scope、HSTと略称、**図28**）のトレジャリー・プログラム（基幹プログラム）「宇宙進化サーベイ（通称、「コスモス・プロジェクト」）」が採択されました。2平方度の広さの天域をHSTの高性能カメラ（Advanced Camera for Surveys、ACSと略称）で撮像します。しかし、HSTで観測する波長帯は、普通「I《アイ》バンド」と呼ばれる800ナノメートルの波長帯だけです。可視光の波長域全域で撮像したいので、すばる望遠鏡のスプリーム・カムの観測時間がとれないだろうか？」

スコビル氏の電子メールでの話に挙がっていた「2平方度の広さ」というのは、1・4度×1・4度です。スプリーム・カムの視野は大体0・5度四方なので、2平方度は9ショットでようやく観測できる広さです。しかも撮像に使うフィルターの枚数は数枚あるので、膨大な観測時間が必要になります。

図28　ハッブル宇宙望遠鏡

「そいつは大変だ！」

私は頭を抱えました。

しかし、「宇宙進化サーベイ」の研究目的は崇高です。銀河、超大質量ブラックホール、暗黒物質の進化を宇宙大規模構造の進化とリンクさせて解明しようとするものです。このプロジェクトをやらない手はありません。スコビル氏へのメールの返信でこう伝えました。

「ニック、わかった。とにかくやってみよう」

幸い、すばる望遠鏡の共同利用観測には通常の観測枠のほかに、HSTで「宇宙望遠鏡研究所」所長の裁量で最重要と判断されたプロジェクト（たとえば「ハッブル深宇

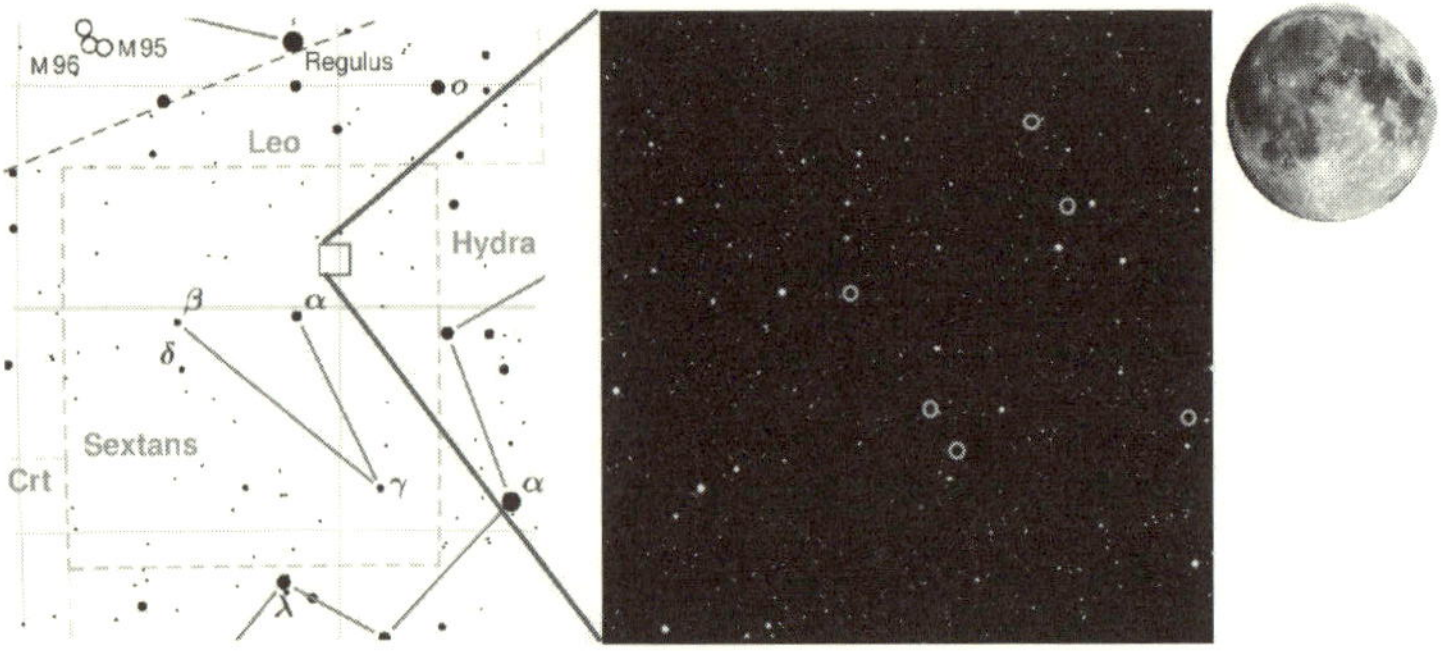

図 29　すばる望遠鏡で撮影されたコスモス・プロジェクトの天域　1.4 度×1.4 度 ≒ 2 平方度の広さがある．ここで，100 万個を超える銀河が検出された．右側の満月は，真ん中の視野との面積の比較のために添えたもの．

宙探査：ＨＤＦ＝Hubble Deep Field」）に対して集中的に長時間の観測時間が割り当てられたように、「インテンシブ・プログラム」という特別枠が設けられていました。じつはＳＤＦの128億光年彼方の銀河探査もこの特別枠を使って実行されたものです。そして私たちの挑戦はうまくいきました。「インテンシブ・プログラム」として採択されたのです。けっきょく、40夜もの観測時間がコスモス・プロジェクトへの協力に注ぎ込まれました。すばる望遠鏡の一晩のランニング・コストは１０００万円なので、プロジェクト全体で約4億円をかけたことになります。スプリーム・カムのデータは素晴らしく（**図29**）、ＨＳＴの撮像データと合わせて、幾多の研究成果に結びつきました。

特筆すべき成果は、宇宙における「暗黒物質（ダークマター）の3次元地図」（後述）を初めて作った[35]ことです。

注35　暗黒物質については、拙著『宇宙進化の謎』（講談社ブルーバックス、2011年）に詳しい。

暗黒物質は未知の素粒子であることはわかっていますが、正体は確定していません。一つだけわかっていることは、全体を合わせた質量が私たちの知っている、原子だけでできている物質、つまり「原子物質」の全質量の数倍はあるということです。それが本当なら、銀河などの宇宙の構造は暗黒物質の重力に支配されてできてきたものであるはずです。

本当にそうなのか？　答えを得るには暗黒物質と銀河の空間分布がどのぐらい似ているかを調べる必要があります。とはいえ、暗黒物質の空間分布を調べるのは厄介です。〝暗黒〟の名が示唆するように、電磁波を一切出さないからです。どの波長の光でも、直接観測できないのです。でも、見る方法が一つだけあります。重力レンズ効果を利用する方法です[36]。

注36　アインシュタインが構築した重力理論の一般相対性理論によると、質量により時空が歪むことになる。光（電磁波）が歪んだ時空を通過することにより、光学レンズのように屈折効果を受ける。この現象を重力レンズと呼ぶ。ロシアのオレスト・ダニーロヴィッチ・フヴォリソン（1852－1934）が1924年に提案した。ただし、重力レンズが世に知られるようになったのは1936年にアインシュタインが新たに論文を書いてからのこと。

まず、重力レンズの例を見てみましょう。

図30にHSTが撮影したAbell2218という銀河団の可視光写真を示しました。銀

河団は数百から1000個ぐらいの銀河が集まった場所で、膨大な質量が含まれています。1個の銀河が太陽を1000億個含んでいると、太陽の質量は2×(10の30乗)キログラムなので、銀河の質量は2×(10の41乗)キログラムになります。

仮に1000個の銀河を含むとすれば、1個の銀河団の質量は2×(10の44乗)キログラムです。暗黒物質は原子物質の数倍の質量があるので、銀河団に付随する質量はおおよそ一桁上の、10の45乗キログラム台になる計算です。ピンと来ないかもしれませんが、ものすごく重いことだけはわかっていただけると思います。

銀河団周辺はこの質量のおかげで時空が歪んでいます。そのため、銀河団より遠方にある銀河からやってくる光は、曲がっている時空の影響で、屈折して私たちに届きます(**図32**)。これは「光は

図30　約20億光年の距離にある銀河団Abell(エーベル)2218が重力レンズ源となり，背景の遠方銀河の形を歪めていることをHSTが捕らえた(弓状に引き延ばされた像がそれである)

常に最短距離を進む」性質[37]をもっているためです。つまり、質量がなければ光は直進しますが、質量によって時空が歪んでいる場合、その歪みに沿って進む方が最短距離をとることになるのです。しかし、観測する私たちには遠方の銀河の光がやって来た方向に銀河が見えます。その結果、重力レンズ効果で歪んだ像を観測してしまうのです[38]。

注37　幾何光学の基礎原理の一つで、「フェルマーの原理」と呼ばれる。言い方を変えると、「進むのに要する時間が最小になる」ように伝播するということ。

注38　ちなみに、観測者（私たち）、重力レンズ源（銀河団）、レンズによって屈折される（＝進路が曲げられる）もの（遠方の銀河）が一直線状に並んでいると、レンズによる結像はリング状になる。これは「アインシュタイン・リング」と呼ばれる。ただ、重力レンズ源は視線に対して対称的になっていなければならない。銀河団の場合は、質量分布が球対称になっていないので、一般的に像が歪んでしまう。

さて、この重力レンズ効果は、原理的には光学レンズ、つまり虫眼鏡と同じです。虫眼鏡は石英ガラスを磨いて作りますが、重力レンズは物質の質量が時空を歪めてレンズの働きをするだけです。

観測者（地球にいる私たち）、光に対してレンズの役割を果たすレンズ源（**図30**に示した例では銀河団Ａｂｅｌｌ　２２１８）、およびレンズされるもの（〝虫眼鏡〟で拡大してみたいもので、**図30**の例では銀河団より遠方にある銀河）の三者の位置関係を調べます。そして、

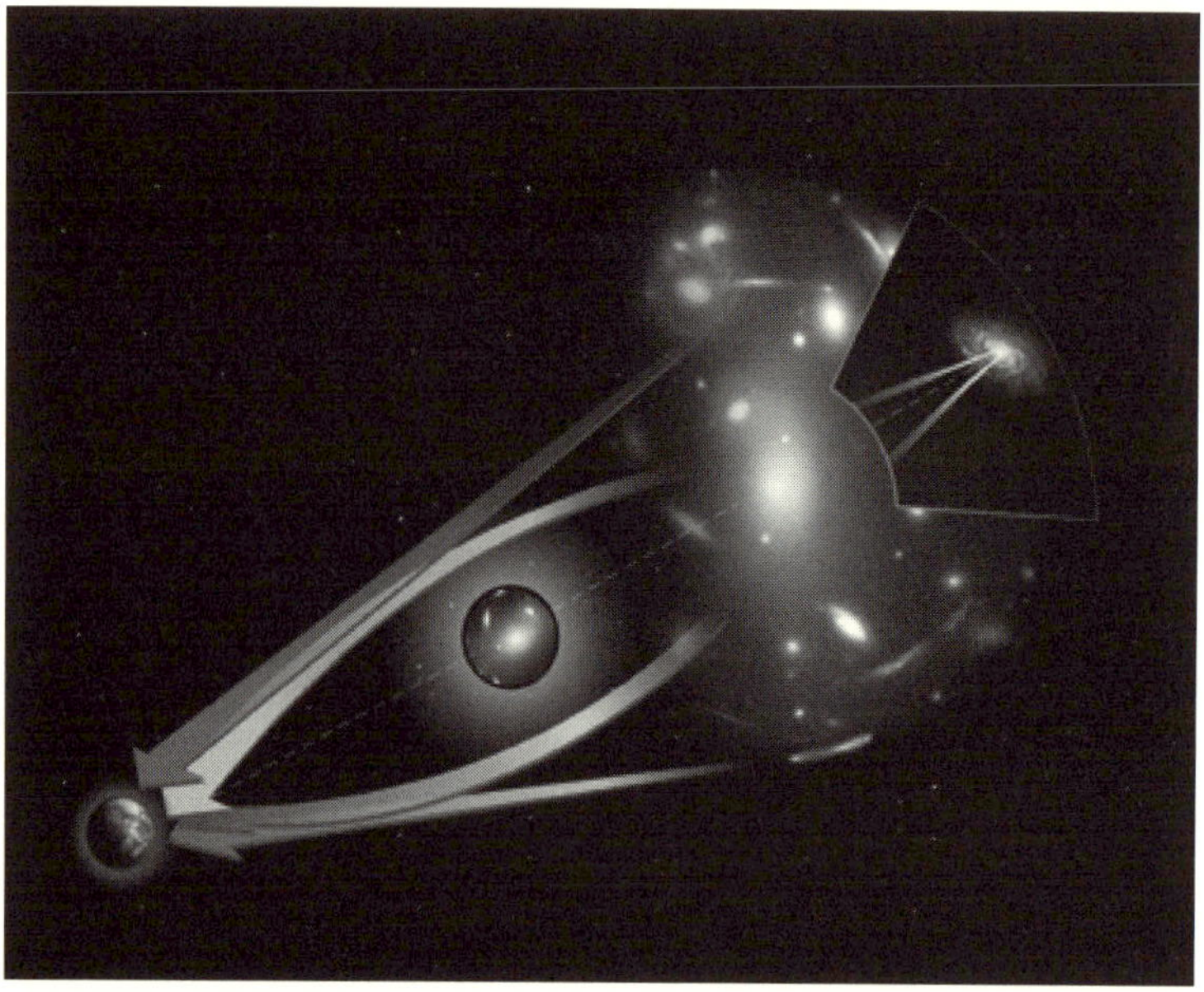

図31 重力レンズの原理 右端（遠方）に存在する銀河から出る，弧状の矢印で表されている光は，左端（現在）の観測者の目には，上下両端の直線状の視線上の虚像として映り，アインシュタインリングなどとして観測されるが，中央で光の進路を曲げている天体の重力の効果が重力レンズ効果.

レンズ効果で歪められた遠方の銀河の像を詳しく調べることで、レンズの性能（倍率やレンズの形状）がわかります。こうして、レンズのところにどの程度の質量がどのような形状で分布しているか、ということを調べることができるのです（**図31**）。

レンズの性能を決めているのは、原子を素材としている物質、つまり普通の原子物質より質量の大きな暗黒物質なので、暗黒物質の空間分布がわかるのです。じっさいのデータ解析は複雑で大変ですが、ハッブル宇宙望遠鏡によって撮影された切れ

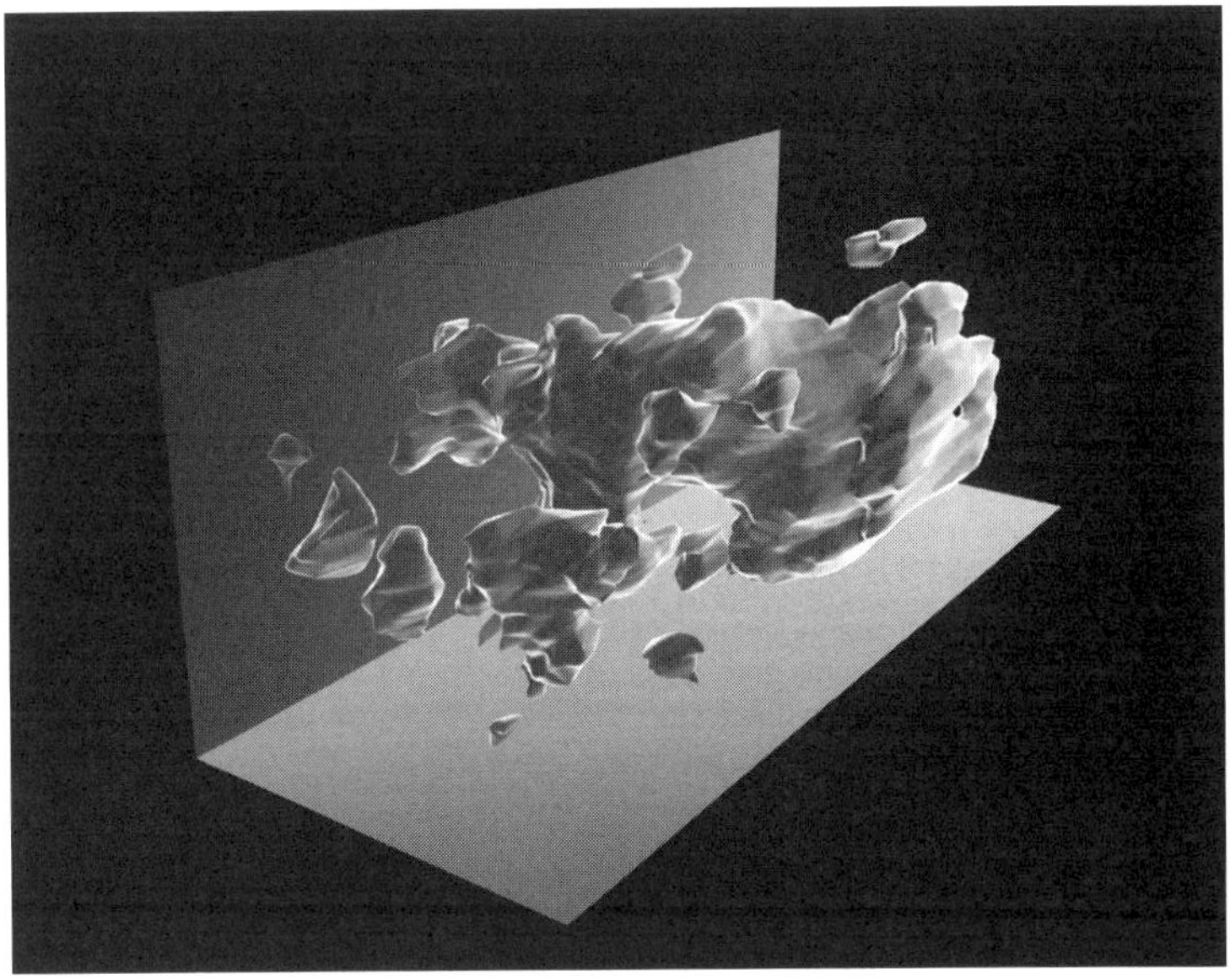

図32 コスモス・プロジェクトで得られた宇宙における暗黒物質の3次元地図
私たちは左下側から観測しており，右端までの距離は約80億光年．そこでの宇宙の広がりは24億光年になっている．

味鋭い銀河のイメージと、すばる望遠鏡の撮像観測で判明した銀河の距離を併せて使うことで、私たちは暗黒物質の3次元地図を世界で初めて作成することに成功したのです（**図32**）。

この研究成果を掲載した「ネイチャー」誌は2007年1月7日に発行されました。このニュースは世界中を駆け巡り、非常に大きな話題となりました。私も含め、コスモス・プロジェクトのメンバーはマスコミの取材への対応でてんてこ舞いでした。

コスモス・プロジェクトは2003年にスタートしましたが、

図33　愛媛大学で開催されたコスモス・プロジェクトのチーム会議の様子

いまもプロジェクトは続いています。新たな望遠鏡、新たな観測装置が立ち上がると、コスモスの天域を探査し、さらに大きな研究成果を出していきたいからです。そのためには、メンバー間の意思の疎通が重要になるので、毎年1回のペースでチーム会議を開催しています。03年のニューヨークでの会議を皮切りに、世界各地で開催してきました。今まで3回、日本でチーム会議を開催しました。05年と13年は京都大学、そして09年には愛媛大学での開催でした（**図33、34**）。

ちなみに14年のチーム会議は、クロアチア共和国の首都ザグレブで開催されました。10年来の顔見知りが集まり、いつもながらの和気あいあいとしたチーム会議でした。コスモス・プロジェクトのような国際プロジェクトで仕事しているメリットは、大きな研究成果をあげるだけではありません。

人とのつながりが増えることも財産になります。なにしろ、銀河関係の国際会議に出かけると、必ずコスモス・

プロジェクトのメンバーと顔を合わせます。仲間がいると、気が休まるものです。したがって、国際会議も楽しみの一つになります。

論文の審査

研究者をやっていると、〝審査〟とは縁が深くなります。研究の至る所で審査が顔をのぞかせます。研究コミュニティーの外部からは伺いしれない部分ですが、審査は研究者のとても重要な仕事であり、役割でもあるのです。

まず、研究成果を公表する論文です。研究者は研究成果をとりまとめると、論文を書きます。論文はもちろん英語で書かなければなりません。日本語で書いた場合、論文を書かなかったことと同じです。科学の研究では英語が公用語なので、必ず英語で書く必要があるのです。論文は、国際的に評価されている専門誌に投稿します。

図 34　愛媛大学で開催されたコスモス・プロジェクトのチーム会議の懇親会の様子　左はプロジェクト代表者のニック・スコビル氏.

日本の場合は、日本天文学会が発行している欧文研究報告誌、

・Publication of Astronomical Society of Japan（略称 PASJ）

があります。

ほかに代表的な専門誌を挙げると、

・The Astrophysical Journal（同 ApJ, 米国）

・Astronomy and Astrophysics（同 A&A, 欧州）

・Monthly Notices of Royal Astronomical Society（同 MNRAS, 英国）

などがあります。このほかに、科学の総合誌として、

・Nature（英国）

・Science（米国）

があります。私はここに挙げたすべての雑誌に論文が掲載されたことがあります。

さて、論文はこれらの雑誌に投稿すればそれで終わりというわけではありません。一つの論文に最低一人の審査員がつき、論文の科学的意義や正確さなどを審査します。一発で掲載が決まることはほとんどなく、審査員からのコメントを考慮して改訂稿を作り、再投稿するのが普通です。それに対し審査員がＯＫを出して、初めて論文の掲載が決まるのです。つまり、研究者には、

論文を投稿する
論文を審査する

という二つの業務が課されているのです。私は今までに300報を超える論文を公表してきましたが、それに伴い300人を超える審査員がそれらに目を通し、コメントを寄せてくれたことになります。これらの人たちに深く感謝しています。なぜなら、彼らのコメントのおかげで論文は改良され、より良いものになったからです。

また、私自身、たくさんの論文の審査をやってきましたが、はっきり言えば大変な仕事です。1報の論文の審査に1ヵ月ぐらいかかることもあるほどで、審査員の苦労の多さを良く知っています。

外国の天文台の審査委員会

審査は論文だけに留まりません。天文学の研究を観測的に進める場合、天文台で新たなデータを取得する必要があります。その場合、観測の提案書を用意し、その観測が可能な天文台に提案します。ここで、また審査が入るのです。天文台にもよりますが、競争率はだいたい3倍です。つまり、審査の結果、採択されるのは3件に1件という割合です。不採択になる方が多いわけで、観測的研究はそれほど簡単なビジネスではありません。

多くの天文台は半年を一つのユニット（「セメスター」と呼ばれます）として、観測提案を公募します。公募が閉め切られると、天文台は提出された観測提案を複数の書面審査員に送付し、審査してもらいます。この段階で点数が付けられます。この第一段階の審査を経て、今度は審査委員会が開催されます。この委員会は「観測時間割当委員会」という名称がつけられています。英語で表すとTime Allocation Committeeなので、「TAC」と呼ばれています。

TACでは書面審査員の採点結果とコメントを元に討議し、最終的に採択する観測提案を決めます。TACの委員の仕事は結構ハードです。そもそも、どの提案もそれなりのレベルで書かれています。優劣をつけるのが難しい場合も多々あります。しかし、観測者に提供可能な望遠鏡の観測時間は限られているので、採択する提案を絞り込むことが必要になります。

私自身、たくさんの観測提案を今までに書いてきましたが、その一方でTACの委員も経験して来ました。受益者負担と言いますか、観測提案する人も、それを審査する人も、同じコミュニティーの仲間同士という構造です。このような審査体制を「ピア・レビュー（peer review）」と呼びます。たとえば、科学研究費の審査も同じ枠組みで行われます。

TACとて厳しい仕事であることに変わりはありませんが、外国の天文台での審査委員会はもっと大変です。そもそも、委員会に出席するために外国出張する必要があるからです。私は今までにハッブル宇宙望遠鏡（HST）と「アタカマ大規模電波干渉計（アルマ：AL

MA＝Atacama Large Millimeter Array)」の審査員を務めました。
HSTのTACは、HSTを運用している宇宙望遠鏡科学研究所（STScI、**図35**）、あるいはその近くにあるホテルで開催されます。米国の東海岸にあるメリーランド州ボルティモア市にあります。

HSTは1年を2期に分けるセメスター制ではなく、1年をユニットにして観測提案を公募します。そのユニットは「サイクル」と呼ばれます。

2008年に開催されたサイクル17のTACに参加してわかったことは、日本の天文台に比べて審査の体制が厳しいことです。まず、TACは複数の委員会（パネルと呼ばれます）に別れています。

1年分の観測提案数は約1000件です。しかも研究分野は太陽系から、銀河、そして宇宙論まで多岐にわたります。そのため、分野ごとに委員会を作り、審査する必要があります。私が参加した委員会の名前は「Extragalactic 5」です（**図36**）。

図35 ハッブル宇宙望遠鏡（HST）の運用に当たってきた宇宙望遠鏡科学研究所（STScI）の入り口を飾るHSTの模型

ここで「Extragalactic」は、「系外銀河の」という意味の形容詞です。つまり、銀河系以外の銀河全般を取り扱います。

末尾の数字「5」は、表記の意味する通り「5番目の委員会」です。

銀河に関する観測提案は非常に多いので、一つの委員会で処理することは不可能です。そのため、サイクル17のTACでは銀河関係で五つの委員会に分けられていました。私の属する委員会では約60の観測提案を担当しました。一人の委員当たり、約20の提案が割り当てられます。

委員はTACでその内容を説明し、それに引き続いて議論が行われ、評点が与えられます。この作業が2日間にわたって行われます。

残りの2日間はパネルの委員長だけが出席し、全分野の採点結果を元に、最終的に採択する観測提案を決定します。

つまり、4日かけてようやくTACが終了するのです。出張の移動を考えると、1週間を

図36　TACでは，委員の席の前に，それぞれの名前の入ったプラカードが用意された．

費やすことになります。すばる望遠鏡のＴＡＣが２日間で終わることを考えると、ＨＳＴのＴＡＣの大変さがわかると思います。ちなみに私がすばる望遠鏡の第一回目のＴＡＣに参加した時は１日で終わっていました。

「アルマ」[39]はＨＳＴに比べ、さらに大変です。アルマは、人類初の国際共同運用天文台です。北米、ヨーロッパ、日本を含む東アジア、そして望遠鏡の設置されているチリ共和国など10ヵ国以上の国が参加する、まさに国際天文台です。

注39　アルマ（alma）には、現地語のスペイン語で「魂」という意味がある。

アルマは波長がミリメートル台の電磁波のミリ波帯から、波長がミリメートル台より短い電磁波のサブミリ波帯で天体を観測することを特徴とする電波干渉計です。チリのアンデス山中、アタカマ砂漠に設置されていますが、この砂漠の標高は５０００メートルです。すばる望遠鏡のあるマウナケア山より、８００メートルも高い場所です。パラボラアンテナの個数はなんと66台（口径12メートルのアンテナが54台、口径7メートルが12台）。まだ全部のアンテナは揃っていませんが、２０１１年から部分運用が始まっています。観測期間はＨＳＴと同様にサイクルが使われています。初年度は部分運用ということで、なんとサイクル０に設定されました（**図37**、**38**、**39**）。

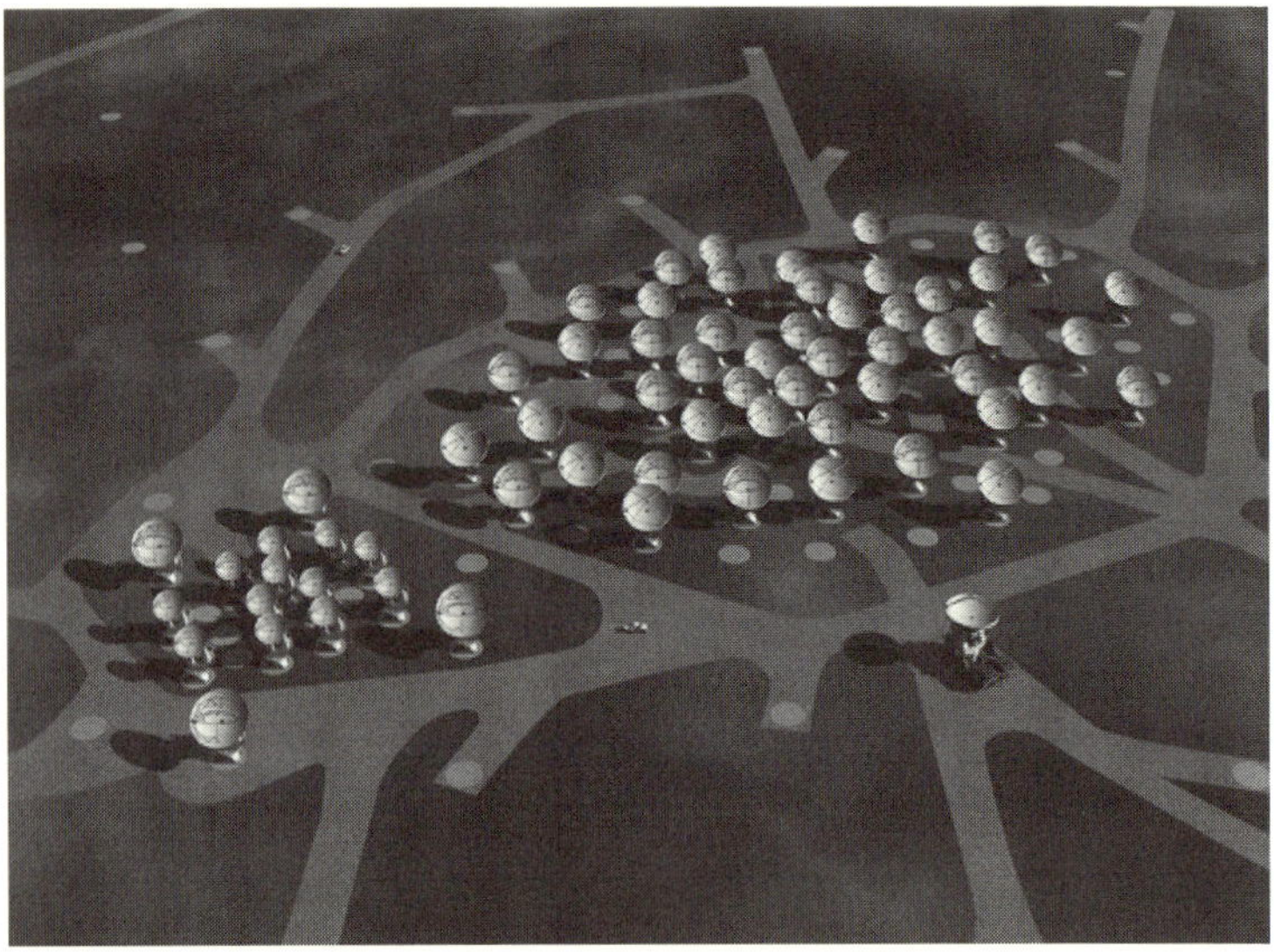

図 37 アルマの完成予想図（© NAOJ）

サイクル0のTACで、私は遠方銀河・宇宙論分野のTAC委員長を務めることになりました。TACはアルマのオフィスがあるチリ共和国の首都サンチャゴで開催されました。松山から飛行機を乗り継いで40時間もかかります。時差ぼけも忘れるぐらい遠いところです。

アルマのTACは月曜日から金曜日まで、5日間かけて行われます。HSTよりさらにハードです。HSTのTACの時は委員長ではなかったので2日間で済みましたが、今度はフル参加です。1000件近い観測提案をふるいにかけるのですから、至難の業です。

サイクル1の時は、父の具合が悪くなり委員を辞退しましたが、サイクル2で再び委員に復帰。今度はカナダのトロントまで出かけました。

サイクル3のTACはヨーロッパ開催が噂されていましたが、なんと大阪での開催となりました（2015年6月）。さすがに国際天文台です。TACの開催場所も世界のあちこちを巡っています。

図 38　サンチャゴ市内にあるアルマ天文台のオフィスの玄関

図 39　アルマ天文台初代所長のタイス・ドゥフラーウ（左）と歓談中の著者

客員研究員

私は今までに東京大学、東北大学、そして愛媛大学の三つの大学で研究者生活を送ってきました。もちろん、常勤職として勤務して来たわけですが、客員研究員として海外の研究機関でも研究活動を行ったことがあります。ハワイ大学天文学研究所と英国王立グリニッジ天文台です。そのため、1996年は半年間を海外で過ごしました。内訳は、2月からの3ヵ月間がハワイ、6月からの3ヵ月間が英国のケンブリッジでした。その後、ハワイ大学には2000年にも2ヵ月間お世話になりました。マウナケア天文台での観測も含めれば、ハワイには延べ3年以上滞在したことになります。第二の故郷というほどではありませんが、ハワイでの生活には違和感はありません。しかし、英国王立グリニッジ天文台での3ヵ月間は刺激的でした。研究会で訪れたことはありましたが、英国で生活するのは初めてだったからです。

図40　うっそうとした森の中に建つケンブリッジ大学天文学研究所　この建物は，アインシュタインの一般相対性理論の検証と普及活動で知られる天体物理学者，アーサー・エディントン卿の自宅であり，それに続いて王立グニッジ天文台の研究棟があった．

英国王立グリニッジ天文台の研究所は英国の伝統的な学都、ケンブリッジにありました（図40）。過去形で書いてあるのは、1998年にこの伝統ある天文台が閉鎖されたためです[40]。3ヵ月の滞在ですが、まず住む家を探す必要があります。

注40　1675年創立。グリニッジ子午線は経度が0度の基準になっている。1990年にケンブリッジに移設され、98年に閉鎖。歴史ある天文台の閉鎖には大きな反対運動が起こり、私も依頼を受けて反対の署名をした。

うまい具合に、私の滞在期間中、アイルランドで仕事があるため、部屋を貸してくれる方がいました。伝統的なヴィクトリアン・テラスド・ハウス（日本で言うと二階建ての長屋）の一部屋を借りることができました。一階にリビングとキッチン、中二階にトイレとバス、そして二階に寝室という構造になっていました（図41）。

ケンブリッジといえば、あのニュートンが学んだトリニティ・カレッジを初め、歴史あるカレッジがたくさんあります。落ち着いた雰囲気をたたえていて、日本にはない街です。散策するには格好の街で、歩きながら私は思いました。

「ああ、この街でなら研究が進むだろう」

それほど、研究に向いている街でした。私は単身赴任で勤務していたので、起きている時間のほとんどを研究に注ぎ込みました。

活躍したのは、キッチンです（**図42**）。論文を読みながら、ここで食事をしたものです。朝と夜は自炊していましたが、幸い、近くにアジア系の食品店があり、調理に不自由することはありませんでした。

思い出深いのは、このキッチンで過ごすことで、新しい研究テーマを幾つも思いつくことができたことです。なぜか？　それはこの空間が私に、集中して考える時間を提供してくれたからにほかなりません。おかげで、ケンブリッジで思いついたテーマで、その後3年間は論文を書くことができました。

メキシコの想い出

ケンブリッジに行く前の3ヵ月は、ハワイ大学天文学研究所で勤務していました。住ま

図42　ケンブリッジで間借りした家のキッチン

図41　ケンブリッジで間借りした家のリビング

いはワイキキにある高層のコンドミニアムで、生活は快適そのものでした。しかし、ワイキキは研究には向かない、喧噪の街です。大学の同僚に聞くと、皆一様にこう言いました。

「ワイキキには滅多に行かない」

確かにそうです。周りを見れば、ほぼ100％の確率で、観光客です。研究者が居を構えるには不向きであることは間違いありません。ただ、私のように2、3ヵ月の短期で滞在する場合、物件数の多いワイキキが便利になります。

さて、そのワイキキで3ヵ月過ごした後、ケンブリッジに向かったのですが、じつはメキシコで〝途中下車〟しました。国際研究会のため、メキシコの古都プエブラに1週間、そして友人のいるメキシコシティに1週間滞在しました。

プエブラは、その歴史地区が世界遺産にも登録されている美しい街です。この街で開催されたのは「銀河における激しい星生成（スターバースト現象）」に関する研究会で、顔見知りも何人か参加していました。彼らとティオテワカンのピラミッド遺跡を訪れたのは良い想い出になっています（図43）。

メキシコシティでは友人のデボラ・ダルツィン‐ハクヤンのお世話になりました（図44）。彼女とは活動銀河核の研究を一緒にやっていたこともあり、せっかくの機会なので、研究の

図 43　メキシコ，ティオテワカンのピラミッド遺跡

図 44　デボラ・ダルツィン - ハクヤンの自宅で

打ち合わせをしようということになったのです。初めてのメキシコ滞在でしたが、おかげで有意義な時を過ごすことができました。

ワイキキの喧噪をメキシコで払拭《ふっしょく》して、ケンブリッジに移動できたことは幸いでした。この後、先に紹介したようにケンブリッジで3ヵ月を過ごし、帰国の途に着きました。ロンドンのヒースロー空港から成田行きのフライトです。けっきょく、半年かけて世界一周したことになります。研究者をやっていると、旅が多いことは確かです。

第三部　学者の心がけ

第二部では私が経験して来た天文学者の暮らしぶりを紹介しました。皆さんは、どのように思われたでしょうか？

好きな研究ができて楽しそう
出張が多くて大変そう
何処も同じ、競争社会か

など、いろいろな感想をもたれたことと思います。じっさいに天文学者を長年やってきた私には何ともいえません。ただ言えることは、常に精一杯努力してきたことぐらいです。

確かに、私は天文学者、つまり研究者になったわけですが、はたして自分が研究者にむいていたのかどうかも、定かではありません。

第三部では、自分や今まで出逢った研究者を眺めて来た経験から、どのような人が研究者に向いているのか考えてみることにします。

自分が研究者に向いているかと問われれば、なんとも答えに窮してしまいます。こればっかりは、「わかりません」と答えるしかありません。しかし、一般論として、どのような資質が必要とされるかはわかります。

じつは、たった三つの資質です。
・好奇心
・集中力
・継続力
これだけあれば十分です。どうしてこれら三つの資質が重要か、説明していくことにしましょう。

3・1　好奇心

フンコロガシに情熱を注いだファーブル

第一部で述べたように、子供の頃の私は、好奇心のなすがままに過ごしていたように思います。蝶に興味をもち、昆虫採集に明け暮れたこと。

じつは、蝶以外にもクワガタやキリギリスにも興味がありました。カブトムシでなく、クワガタだったのは、北海道にはカブトムシがいなかったからです。

中学時代には魚釣りが好きな友達もいて、近くの川に釣りに行くこともありました。ウグイ釣りが基本でしたが、ザリガニを採りにいくのも楽しみでした。ようするに、興味がわけば何でもやっていたのが少年時代だったように思います。

音楽にも興味が湧き、ギターを買ってもらったのも中学生の頃でした。まるで、好奇心が服を着て、生きていたようなものです。歳をとるにつれ、好奇心は薄らぎますが、好奇心が私たちの行動原理を支配しているのは間違いありません。

子供の頃、『ファーブル昆虫記』を手にされた方は多いと思います。かくいう私もそうでした（第一部参照）。ファーブルのように昆虫とつきあいながら人生を送れるものであれば、幸せだろうと思いました。

ただ、ファーブルが極めてマニアックに昆虫を観察していたことに驚きます。たとえばこの本の最初に登場する昆虫は「フンコロガシ」です。「どうして、あそこまで執念深く観察できるのだろう？」という疑問です。

これは、じつは人間だれしももっている特質の一つ、好奇心のなせる業なのだと思います。何か行動するには、それなりの理由があります。たとえば、どういう趣味をもつかですが、これは人それぞれです。

それでは、ファーブルはなぜこれほどフンコロガシに入れ込んだのでしょう？

ヒントは二つあります。その一つは、フンコロガシがほ乳動物の糞を丸めて、後ろ足で転がしながら巣の穴に埋めて食料を蓄える行動（**図45**）。地上の掃除をしてくれるのです。

もう一つのヒントは、フンコロガシが古代エジプト語で「スカラベ」と呼ばれる仲間の一つで、古代エジプトでは聖なる虫として崇拝されていたこと。太陽を運行させている太陽神ケプリ（大もとの太陽神ラーが日の出の時にまとう姿をこう言います）と同じ働きをすると考えられたためと思われるのです。じっさい、フンコロガシは夜中でも道を間違えずに自分の巣穴まで糞を運びます。なぜ道を間違えないのか不思議です。

この暗夜の、謎の多い行動の解釈としてこれまで、フンコロガシは、月などを目印に方角を認識しているのではないかと考えられてきました。

ところが最近の研究では、この虫は天の川を方角の目印にしているらしく、月の見えない夜でも、道を間違えないことがわかったそうです。

どういう方向センサーをもっているのかわかりませんが、不思議な虫であることはまちがいありません。星の配置をナビゲーションに使うという意味では、フンコロガシは人間と同じレベルです。ファーブルがこの虫を気に入ったのも、何か不可思議な力をもっていることに気づいたからかもしれません。

図45 フンコロガシ 動物の糞をボール状に丸め、これを後ろ足で転がし，天の川との位置関係を頼りに巣穴に戻る.

『昆虫記』誕生の秘密

さて、ではファーブルはなぜあの大作『昆虫記』を仕上げることができたのでしょうか？

やはり、昆虫が大好きだったからではないでしょうか。嫌いなものを研究の対象にすることはまずありません。

「好きこそ物の上手なれ」

この言葉に尽きます。

たとえばスポーツの場合、野球が好きだからこそ上手になりたいと思います。そのため、苦しい練習もいとわず、研鑽《けんさん》を積み、上達していくものです。野球が好きだからがまんが続くわけです。

研究の場合も、やはり、

研究対象が〝好きかどうか〟

が重要です。

私は銀河が好きだから天文学者になりました。銀河に興味がなければ、天文の世界に入ってこなかったと思います。つまり、学者になる必要条件は、研究してみたいと思う、大好きな対象か分野を明確にもっていることです。それが学者への第一歩だということです。

アインシュタインの言葉を借りれば、

「神聖な好奇心をもち続けよ」

ということになります。「なぜ？」という素朴な疑問を常に心の中にもてということです。

3・2 集中力

エジソンの場合

研究者になるために必須の要件として前項で「好奇心」をまず挙げました。次の項目は「集中力」です。

発明家のトーマス・エジソン（1847－1931：**図46**）は、

「研究をしているとき、時間のことは考えるな」

と言っていました。いや、時間のことを考えるなというよりは、

「時計を見るな」

という方がしっくり来るかもしれません。つまり、

図46 1922年ごろのエジソン

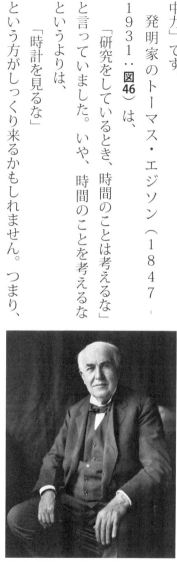

言いたいことは、「研究に没頭せよ」ということです。

一方、研究をしている時は、時間のことを意識しないというのが、私の感覚です。楽しい時は、時間を忘れるものです。これは集中しているから、時の流れを意識しなくなるからです。齢《よわい》を重ねるにつれ、時の流れの速さを感じるのは好奇心が薄れ、あまり物事に集中できなくなるためかもしれません。かくいう私も、最近は時の流れが速くなったように思います。

今から思えば、小学校の6年間はずいぶん長かったように思います。学校の帰り道、水たまりを見つければそこで遊び、カタツムリを見つけたらしばらく眺める。つまり、小さな発見の連続でしたが、これは集中することなしに遊んでいたということになるのでしょうか。いずれにしても、ヒトの時間意識に関する研究成果が、創造性について何を語ってくれるのか、関心がもたれるところです。

好奇心にかられ、研究を始めたとします。その人が研究者として成功する秘訣《ひけつ》はなんでしょうか。〝頭が良い〟ことでしょうか？　通常、学校の成績が良いことと〝頭のよし悪し〟とを結びつけて論じられることが言われます。

しかし、研究者の世界を垣間《かいま》みて感じることは、〝頭のよし悪し〟が研究者としての成功に直結しているようには思えません。エジソンも、相対性理論を構築したアインシュタインでさえも、学業成績は良くありませんでした。ところが、エジソンは大発明家として、そしてアインシュタインは大物理学者として大きな功績を残し、多くの人の心に残っています。

もちろん、なにがしかの才能がなければ発明もできなければ、物理学の新しい理論を構築することはできないでしょう。ただ、彼らを見ていて思うことは、ものすごい集中力で仕事を続けたことがそれらの発見や発明につながったらしい、ということです。

ニュートンの場合

ものすごい集中力を発揮したもう一人の学者がアイザック・ニュートン（1642-1727〈ユリウス暦〉：**図47**）です。17世紀以降の力学の原典とも呼べる「ニュートン力学」を構築した人物です。ニュートン力学とはほかでもない、私たちが高校時代に習う力学です。

ニュートン力学は、『自然哲学の数学的諸原理』（ラテン語

図47 アイザック・ニュートン ケンブリッジ大学トリニティーカレッジのルーカス教授職にあって，主著『自然哲学の数学的諸原理（略称・プリンキピア）』の刊行を 2 年後にひかえた 1689 年の肖像.

の書名の頭だけとって『プリンキピア』とも略称される：図48）に記されていますが、これがなんと、全3巻もある大著です。彼はこの500頁を超える大著をわずか1年半で書き上げたと言いますから驚きです。

ニュートンは1661年から英国のケンブリッジにあるトリニティー・カレッジで勉学に励んでいましたが、65年から66年にかけてペストの大流行とロンドンの大火とで大学が休みになり、リンカンシャーにある村、ウールスソープの自宅に戻らざるをえない期間がありました。そのおよそ1年半の帰省中にニュートンは『プリンキピア』の中心的主題である「万有引力の法則」の着想を手に入れて

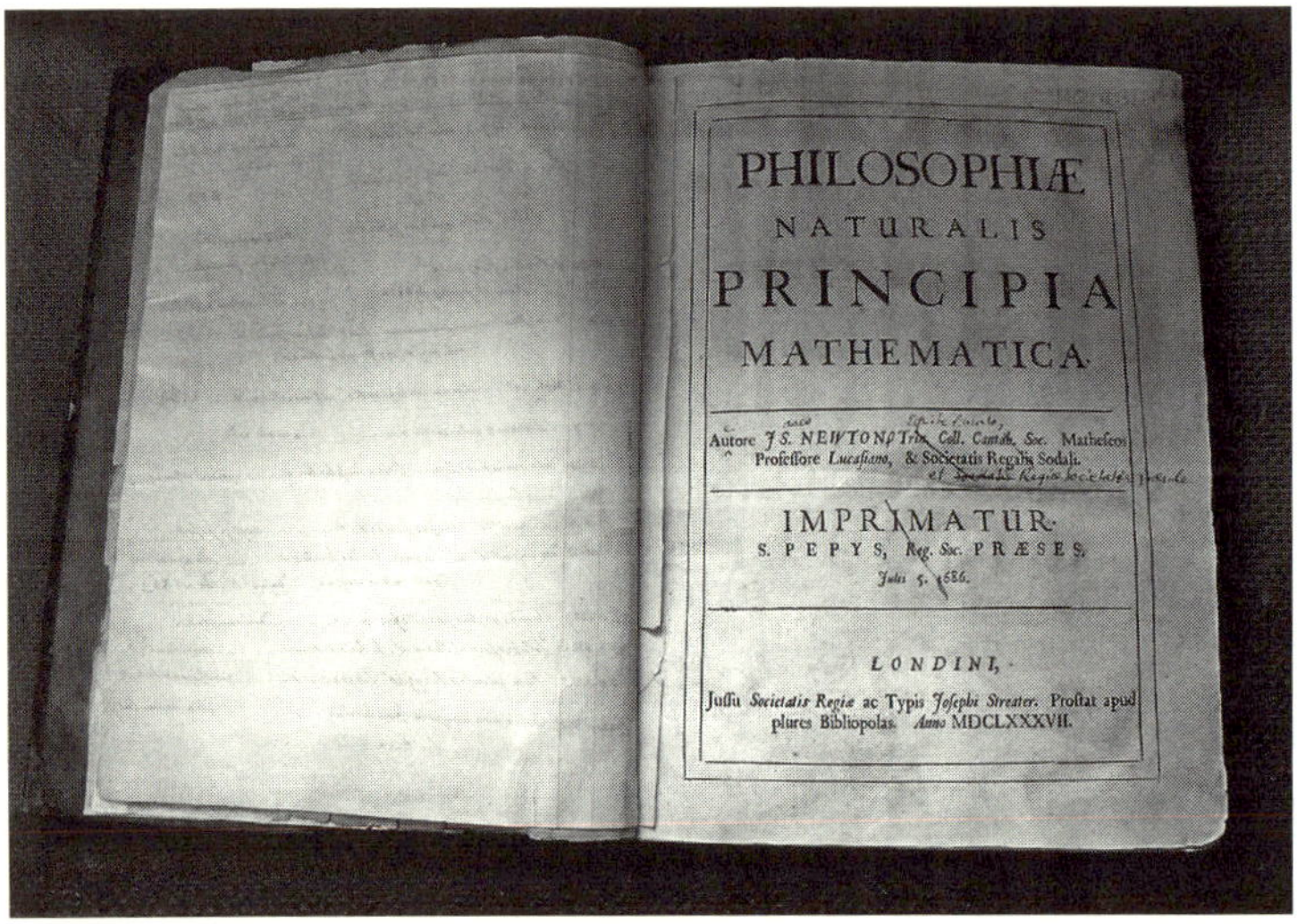

図48　ニュートンが出版した『自然哲学の数学的諸原理』の初版本（1687年刊：ケンブリッジ大学トリニティーカレッジのC. レン図書館所蔵）　17世紀科学革命の象徴的著作.

いたばかりか、今日の微分・積分法と同等の内容をもつ「流率法」という数学の手法を編み出し、さらには代表的著書の一つ、『光学』に盛られている、実験的素材を準備していたとされてもいます。

ということは二十歳《はたち》を少し過ぎたばかりの時期の短期間に、すでに力学の主題、今日の物理数学の中心的手法、近代の科学実験の手法である分析的手法の中心にすえられる光学実験の要素的課題までをも、掌中《しょうちゅう》に収めていたことになります。

このなんたる集中力!!!

人はこの間のニュートンの集中力と二度の災厄からのロンドンの復興とをあわせ讃えて、1666年を〝奇跡の年〟と呼ぶことにしました（ちなみに、最初にこの年のロンドン大火からの復興とペスト流行の克服とをうたった詩に〝奇跡の年〟という言葉を使ったのは、詩人のジョン・ドライデン〈1631－1700〉でした）。

途方もなく大きな課題を集中して考え、解決した。それ以外あり得ません。現代の大学生とは次元もスケールも違う人物といえそうです。しかしどうです？　皆さんは、私のこの評価を読んで切歯扼腕《せっしやくわん》しませんか？　大学生に期待される、ニュートン並みのレベルとスケールの想像力、思考力、そして集中力がどのようなものか、自分のこととしてしっかりと考えていただきたいものです。

ニュートンの偉業を振り返るとき、どうしても「天才」という言葉が脳裏に浮かびます。エジソンもよく天才と呼ばれましたが、本人はこう切り返していたそうです。

「私はあきらめないことの天才だ」

「知りたいという強い気持ち」と「少しでも人の役に立つ発明をしたい」という熱意。これらが人の集中力を高め、偉業達成への道を開いてくれるのでしょう。その意味では人間だれしも天才になりうる素地はあるということです。あきらめず、集中してことに当たったか、が勝負の分かれ目ということのようです。その意味では、アインシュタインによる天才の定義が良いガイドラインになります。

「天才とは努力する凡才のことである」

私のような凡才でも可能性があるということです。力が湧いてきますね。

3・3 〝継続力〟

「継続は力なり」

研究者になるために必須の項目、三つ目は〝継続力〟です。

「継続は力なり」とはよく言われることですが、そのとおりです。どんなに優れた研究テーマを思いついたとしても、すぐに手放してしまっては、成果が出ることはあり得ません。思いついた研究テーマが素晴らしいと感じたら、結果を出すまで、忍耐強く研究を続けることが大切です。棋士の羽生善治さんは違った表現で継続する力の重要性を指摘しています。

「以前、私は、才能は一瞬のきらめきだと思っていた。しかしいまは、10年とか20年、30年を同じ姿勢で、同じ情熱を傾けられることが才能であると思っている」

また、こうも言っています。

「少しでも前に進む意欲をもち続けている人は、たとえ人より時間がかかっても、いい結果を残している」まさに継続することの重要性を語っています。

また、アインシュタイン自身もこう語っています。

「私は天才ではありません。ただ、一つのことと長くつきあい続けただけです」

つまり、ある疑問が生じたら、その疑問にとことんおつきあいし、納得する答えが出るまであきらめずに考えるということです。

もう一つの〝奇跡の年〟を可能にしたもの

ちなみに(話は本題から若干それますが……)、あの天才物理学者のアルベルト・アインシュタイン(図49)は、大学の研究室に研究者として残ることはできませんでした。人付き合いが下手で、学科の主任教授に好かれていなかったからです。けっきょく、友人の父親の口利きで、スイスのベルンにある特許庁の職員の職を得るのがせいぜいでした。

当時、それほど特許の申請は頻繁にはなかったでしょう。見かけ上は不遇な職場にいたのかもしれませんが、彼には自由に考える時間がたっぷりあったはずです。それをうまく利用してとことん物理の根本的問題を追及しました。その結果、素晴らしい着想を得て大偉業を達成したのです。特許庁に就職したのは1902年ですが、その3年後、彼は1年間に三つのテーマに関する研究成果を計5報の論文にまとめて発表します。特殊相対性理論、光量子仮説、そしてブラウン運動に関する論文です。これら5報の論文は19世紀までに培われて来た物理学の基礎に大幅な修正を求めるものだったため、1905年をだれとなく物理学にとっての〝奇跡の年〟と呼ぶようになりました。

1905年といえば、アインシュタインが若干26歳の年です。特許庁の環境が幸いしたとはいえ、類い希《まれ》なる集中力があり、3年という歳月を研究に全力投入できたからこそ、達成できた偉業だと言えるでしょう。

1921年、アインシュタインは光量子仮説の業績でノーベル物理学賞を受賞しています。光量子仮説とは聞き馴れない用語かもしれません。当時、金属板に光を当てると電子が跳び出してくる現象が知られており、「光電効果」と呼ばれていました。アインシュタインは光が粒子として振る舞うとするなら、この効果を説明できることに気がつきました。

光のエネルギーを「E」、振動数を「ν」とすると、光の粒子は、ある定数「h」(プランク定数)を介して$E = h\nu$ で表されるエネルギーをもつとします。すると、金属板から出る電子の運動エネルギーを矛盾なく説明できることを示したのです。光は波としての性質以外に粒子の性質ももっていることを意味し、物理学に大きな影響を与えました。これが評価されてノーベル物理学賞の受賞に至ったのでした。

図49　ウィーンで講義中のアインシュタイン（1921年当時）

光量子仮説に入っている「量子」という言葉を聞くと、20世紀に発展した量子物理学を思い浮かべると思います。原子核などの極微の世界を説明する物理で、現在では広く認められていますが、ただ、そうなっている訳が未だに理解されていません。量子物理学の一つの特徴は、すべてのことが確率でしか指定できないことです。位置も速度も同時には確定できず、確率でしか測定できません。アインシュタインは最後まで、量子物理学を認めませんでした。

「神は、サイコロを振ったりはしない」

神は全能ですべてをお見通しだから、ばくち遊びなどはされないはずだ、という意味が含まれています。この有名な言葉にアインシュタインの考えが集約されています。

物理的な現象が確率でしか説明できないことに違和感を感じていたのでしょう。しかし、この違和感は彼を学会の主流から遠ざけていきました。けっきょく、米国西海岸のパサデナで不遇な晩年を送ることになりました。継続力も集中力もあったが、進む方向を間違えたということでしょうか？　アインシュタインは、

「先のことを考えたことがありません」

と言っていました。なぜなら、

「すぐに来てしまうから」

だったそうです。しかし、たとえアインシュタインといえども、先のことだけは考えた方が良かったのかもしれません。

10年単位の辛抱を要するテーマもある

話を本題に戻しましょう。継続力は、研究を進めていく上で必須の力です。なぜなら、研究成果をあげるには一朝一夕にはいかないからです。

小さなテーマであれば短期間で終わるケースもあります。私の経験でも、テーマを思いついてから、3日間で論文を仕上げ、雑誌に投稿した例があります。しかし、これは例外的なケースで、じっさいには年単位の時間がかかるのが研究です。なかには、10年単位の辛抱を要するテーマさえあるのです。

たとえば、観測衛星を打ち上げて宇宙の研究をしている人たちは、10年が一区切りです。中には20年の歳月をかけてようやく一つの衛星の打ち上げに漕ぎ着けている人たちもいます。それだけ長い期間、一つのプロジェクトにこだわるからこそ、大きな研究成果を挙げることができると言えるかもしれません。

2006年、ジョン・クロムウェル・マザー（1946- ：**図50**）とジョージ・F・スムート（1945- ）は「宇宙マイクロ波背景放射の異方性の検出」という業績でノーベル物理学賞を受賞しています。

宇宙マイクロ波背景放射とは、今日の宇宙をくまなく満たしている極低温の光の海。「宇

図50　ジョン・クロムウェル・マザー
WMAPという宇宙黒体放射探査衛星の探査チームを率い，宇宙年齢を138億年であることなど，初期宇宙のさまざまな性質を暴き出して，2006年，ノーベル物理学賞を授賞した．

宙は誕生後まもなく、『ビッグバン』という大激変で超高温の火の玉ならぬ〝光の玉〟に変わった」と主張する「ビッグバン理論」によって予言されたものです。その温度は摂氏マイナス270度ほど。この温度の光はマイクロ波と呼ばれる波長帯の電磁波に属することになります。宇宙の膨張に伴って冷えてきた結果です。1946年ごろ、G・ガモフ（1904－68）やその弟子のR・A・アルファー（1921－2007）、R・ハーマン（1914－97）たちによって予言され、65年に米国の研究者たちによってその存在が観測で確かめられました。スムートやマザーは、観測衛星を使ってその背景放射を精密に観測し、宇宙の進化のストーリーをより細部まで明らかにした業績が認められたのでした。

彼らは1992年に打ち上げられた宇宙マイクロ波背景放射観測衛星「COBE」によ

る観測でこの偉業を達成しました。この観測衛星の原案は米国航空宇宙局（NASA）が1974年に公募した小型・中型観測衛星の中にありました。つまり観測衛星の提案から観測までに20年を要したわけです。46年生まれのマザーは20歳代後半からこの計画に関わり、観測成果が出たのは40歳代後半です。研究者として脂ののった大切な時期の大半をこのミッションに捧げたことになります。60歳でノーベル物理学賞を受賞したので、大成功といえますが、果たしてやっている最中はどのような心境で研究を続けていたのでしょうか？

衛星の打ち上げはうまくいくのか？　果たして期待通りの成果が得られるのか？　答えがわからないまま、20年にわたって一つの研究テーマに打ち込むことは容易ではありません。ただ、ゴールを決めたら振り向かないことも、研究には大切だということです。継続力は研究者の信念の賜物ともいえます。つまり、成功は信念をもって、継続して努力した人に訪れ、失敗は信念を曲げて、引き返した人に訪れるということです。

そもそも、継続力は天文学の発展にはかかせないものでした。なぜなら、太陽系や銀河系の探求には多くの先人たちのがまん強い観測が必要だったからです。

太陽系の惑星の観測では、ティコ・ブラーエ（1546－1604）の残した、肉眼視ながら驚異的高精度の膨大な観測結果をヨハネス・ケプラー（1571－1630）が引き継ぎ、惑星の運動を支配するケプラーの法則の発見をもたらしました。そして、この法則はニュートンの万有引力の発見へと繋がったわけです。まさに世紀をまたぐバトン・リレーで人類の知見に大きな変革がもたらされたのです。

銀河系が星の大集団であることを見抜いたのはガリレオ・ガリレイ（1564－1642）ですが、銀河系の地図作りを初めて行ったのはウイリアム・ハーシェル（1738－1822）でした。ハーシェルは天を600個の領域に分け、そこに含まれる星の明るさと個数を丹念に調べていきました。その結果、銀河系の構造が見えて来ました。

ガリレオからハーシェルの研究までは約2世紀の期間が空いていますが、これは暗い星々まで観測できる大きな望遠鏡の開発が必要だったからです。ガリレオが用いた望遠鏡の口径はわずか4センチメートルでしたが、ハーシェルは口径1メートルを超える大望遠鏡（**図51**）を製作することに成功していました。口径の大きなレンズを磨くのは大変ですが、鏡を磨いて反射型の望遠鏡にすれば大型化は容易です。じっさい、ハーシェルの製作した望遠鏡は反射望遠鏡でした。しかし、反射望遠鏡の概念をもたらしたのはニュートンです。つまり、人類の叡智が引き継がれて、研究にブレークスルーをもたらしてくれているわけです。

3・4　〝ひらめき力〟

徹底的に考え抜く

答えが見つからないまま、考えに考え抜いた時、ふと浮かぶもの。それが「ひらめき」です。ひらめきという言葉を聞くと、運のよし悪しを思い浮かべる方がいるかもしれません。つまり、良いアイデアを思いついたのは、運が良かったからだとする考え方です。しかし、それは間違いです。考えもしないのに、ひらめくことはないからです。

けっきょくひらめく力は、より深く問題を考えている時に発揮されるものなのです。高校時代に私は、大学受験に備えて数学の勉強していた頃、通信添削を利用していました。送り月に1、2回送られてくる問題を解き、送り返すと添削された答案が帰ってくるというシステムです。総じて難しい問題が多く、簡単に解ける問題はほとんどありませんでした。

図51　ハーシェルの製作した口径 1.26 m 反射望遠鏡

どうしても解けない問題があると、当然悔しくなります。「なにくそ」と思い、1週間以上一つの問題について考え続けることがしばしばありました。

あるとき、高校から帰宅し、部屋で、やはり1週間以上も考え続けていた問題について考えていました。相変わらず解法が思いつかず、思案に暮れ、椅子に座り、背もたれに背をもたせかけて少し遠くから問題用紙を眺めていますと、ある考えがひらめき、一瞬にして解法がわかる、という経験をしたことがあります。

そのときとっていた非日常的な姿勢や動作がどう影響したかは不明ですが、今考えても不思議な体験でした。1週間以上考えているうちに少しずつ問題の意図が見え始めていたのかもしれません。そして、ちょっとしたきっかけで頭の中にひらめいたのかもしれません。けっきょくは、難問であれ、解ける解けないは別にして、徹底的に考え抜くことが大切なのだろうと思った次第です。

睡眠の効用

極端な例は眠っている間に夢の中で答えを見つけることです。中間子の発見でノーベル物理学賞を受賞した湯川秀樹博士（1907-81）は、寝床にメモ用紙を置いて寝ていたそうです[41]。

注41　この話をどこで見つけたのか思い出せないまま、湯川秀樹著『旅人 湯川秀樹自伝』（角川文庫、１９６０年：著者の手元にあるのは角川ソフィア文庫版で刊行年は２００４年）を繙いてみたら２３６頁に以下のような記述があった。「ところが夜、寝床に入って横になると、さまざまなアイディアが浮かんでくる。それは数式の羅列に妨げられずに、自由に成長してゆく。その中《うち》に疲れて寝てしまう。」

夢の中でも思考を続けるほど、集中して考えていたからこそ、中間子という着想が芽生えたのでしょう。

ひらめきから生まれたグースのインフレーション

宇宙誕生のシナリオで重要視されているインフレーション理論を提案したアラン・H・グース（１９４７－　）にも、ある日、ひらめきが舞い降りてきました[42]。１９８１年のことです。

注42　リチャード・パネク著、谷口義明訳『４％の宇宙』（ソフトバンク・クリエイティブ、２０１１年）の第７章に詳しい記述がある。

スタンフォード大学の線形加速器センターでポスドク研究員をしていたグースはなかなか常勤職に就けず、焦っていました。そんなある日、宇宙がその初期に相転移したらどうなるかを考えてみました。たとえば、水は 摂氏０度で氷になりますが、これは液体から固体へと状態を変えることです。液相から固相への変化で、この現象を相転移と呼びます。宇宙初期にこの相転移が起きると、一時的に偽《いつわ》りの真空状態つまり偽《ぎ》真空が誕生します。

本題からは少々それますが、初期の宇宙や宇宙誕生のことを考える場合にとても大事な考え方なので、ちょっとだけ「真真空」と「偽真空」の考え方について説明しておきましょう。

私たちは、「真空」というといかなる物質も存在しない、気圧0の状態をイメージします。しかし、物理学者たちが考える真空は、これとはちょっと違います。彼らにとって「真空」は、それ以上低いエネルギーの所がない位置、つまり周囲を見渡した時、エネルギーが最低である位置の状態のことです。これを物理学者は、「真の真空」あるいは「真真空」と呼ぶわけです。

色々と疑問が湧いてくるかもしれませんが、少なくとも私たちになじみの深い、気体分子が存在しないことを指して言う「真空」がこの「真真空」の定義にかなっている、ということだけでひとまずこらえておきましょう。

ところで、「真」(=ほんとう) という言葉はいつも「偽」(=いつわり) と表裏の関係で語られることはご存知でしょう。そんな意味をもつ「偽」を頭にいただく「偽真空」は、一見うさんくさい存在に映りますが、物理の世界では存外、〝市民権〟が与えられています。

「真の真空」について物理学者がどのように理解しているかは上に述べた通りです。では、「偽の真空」はどう理解できるのでしょう?

物理学者たちはこの言葉を、あたかもエネルギーが最低の状態のように見えながら、じつはよくあたりを見回してみると、斜面の途中のくぼみの底のような所にあって、けっしていちばん低い、つまりエネルギー最低の所にあるわけではないけれども、転がり落ちてくるボールを受け止め、(場合によってはふかふかの緩衝材で落下で獲得した運動エネルギーをおし殺し、〈その実、運動エネルギーを熱にかえて、〉) ボールが容易にくぼみの外に飛び出さない状態になっている、そのような状態を表現するのに「偽の真空」の語を使います。

このボールは、くぼみの周囲を見渡すことができるなら、〝自分〟がけっしてほかのどんな地点より低い所にいるわけではないことに気付くはずです。何か刺激が加われば、ボールは揺り動かされてくぼみの〝土手〟を乗り超え、自然の摂理に従ってもっと低い所へ移動していくでしょう。普通の物理学ではこのような状態を〝準安定状態〟と呼び慣わされています。これが「偽真空」の実体です。

この偽真空は負の圧力を帯びているため、宇宙は急激に膨張することができます。この急激な膨張を「インフレーション」と呼びます[43]。

注43　インフレーション・モデルは佐藤勝彦氏（2015年現在、自然科学研究機構長）が独立に提案している。佐藤氏の方がグースより論文の投稿日が早いので、世界で最初にインフレーション・モデルを提唱したのは佐藤氏とみなすことができる。

当時、ビッグバンモデルにはいくつか欠点があり、問題になっていました（左の解説記事参照）が、このインフレーションがそれらを一挙に解決してくれることにグースは気がつき、大興奮したとのことです。

グースがノートに書きつけたメモには、"Spectacular Realization"、つまり「とんでもないことがわかった」と書いてありました[44]。早く定職につきたいという願いが、集中力を産み出し、それがインフレーションというひらめきを呼んだのでしょうか？

注44　アラン・H・グース著、はやしはじめ、はやしまさる共訳『なぜビッグバンは起こったか』（早川書房、1999年）の250頁には、"Spectacular Realization"の訳として「劇的な認識」が充てられている。

■解説・初期ビッグバン宇宙理論がもてあました三つの困難

初期のビッグバン理論が抱えていた問題点は三つあった。

一つ目は「地平線問題」

本来、光の速度で到達不可能な位置同士（宇宙の地平線をまたいだ位置同士）ではあらゆる情報が断たれるために因果関係が完全に断たれ、性質が一様（つまり均一）である保証はまったくない。たとえば宇宙の温度について考えてみよう。

この性質にだっていま見たことはあてはまるはず。つまり、宇宙の温度の目安でもある、宇宙をまんべんなく満たしている〝光〟（＝宇宙背景放射という）の強度も場所によって異なっていていいはずなのに、宇宙背景放射の温度などの観測値は宇宙の至る所（因果関係がある所同士、ない所同士を問わず)、誤差の範囲で同じ値が得られる。これは、ふつうの因果律の考え方では理解できない。

二つ目は**「平坦性問題」**

宇宙は四次元時空の幾何学の考え方から見れば非常に平坦《へいたん》(=真っ平ら)であることが観測から知られている。ところが、〝真っ平ら〟な宇宙を理論的に構成しようとすると、誕生間際の宇宙は、密度が100桁以上の精度で調節されていなければならないことが示される。しかし、誕生間際の宇宙が量子宇宙と呼ばれることからも想像される通り、この宇宙は量子力学の基本である不確定性原理に基づいて時空が間断なくゆらいでいる(量子ゆらぎ)ことから、この精度で密度を合致させることなどできない相談である。

三つ目は**「モノポール問題」**

初期宇宙の一時期を記述してくれると考えられる、相互作用に関する物理理論「大統一理論」が正しければ、宇宙の初期には時空間の大激変(宇宙の相転移と呼ばれる)が起こり、その際、その大激変から取り残される(氷の中に生じる気泡や空気の筋のような)、途方もなく高い密度のエネルギーが閉じこめられた領域(=「位相欠陥」と呼ばれる)が生じるとされる。位相欠陥には点状のもの、糸状のもの、シート状のものなど何種類かがあるが、ここで注目されるのは点状の位相欠陥(=これを普通の粒子に見立てて「磁気モノポール」あるいはたんに「モノポール」と呼ぶ)。理論によれば、その発生数はすこぶる多く、すべてを合わせて生じる重力は、生まれたての宇宙をたちどころに潰してしまうほどであるのに、現実には宇宙は潰れることもなく今日まで膨張・進化することができた。大統一理論を前提にする限り、これは理解に苦しむ。

＊　＊

これら三つの困難は、ビッグバン宇宙理論にとってきわめて深刻な問題とされたが、20世紀の最後の20年の足音を聴く時期におよんで登場したインフレーション宇宙の理論によって、すべて矛盾なく説明できることが先に登場したグースと佐藤勝彦氏という二人のインフレーション理論の開拓者によって明らかにされ、以後、大半の宇宙論研究者は、ビッグバン宇宙理論とインフレーション宇宙理論とのセットは初期宇宙の記述のみならず今日の宇宙への進化までをも考える際に、なくてはならないものと考えている。

iPS細胞につながった〝ひらめき力〟

最近の事例で、素晴らしい〝ひらめき力〟を感じたのは、山中伸弥京都大学教授らによるiPS細胞（人工多能性幹細胞）の発見です。彼らはiPS細胞の作成に必要とされる24種類の遺伝子を特定しました。しかし、問題はこれら24種類のうちどれが本質的に必要なのかをしぼり込む作業が残されていました。最終的には4種類であることがわかったのですが、もし機械的に24種類から4種類を特定しようとすると、

$$_{24}C_4 = (24 \times 23 \times 22 \times 21) / (4 \times 3 \times 2 \times 1) = 10{,}626$$

つまり、1万626通りの組み合わせに対して実験を行う必要があります。これは4種類であることがわかっている場合であり、ふつうは何種類なのか答えがわかっていないので、気の遠くなるような実験を繰り返すことになるわけです。

そこで山中先生らの採用した方法は、24種類あれば確実にiPS細胞はできるので、そこから1種類ずつ遺伝子を減らして実験することです。1種類減らしてiPS細胞ができない場合、除いたその遺伝子が必須であることがわかります。こうして、わずか24回の実験で、4種類の遺伝子だけが必須であることを突き止めたのです。

この話を聞いたとき著者は、すごいひらめきに、いたく感じ入ったものでした。気の遠くなるような回数の実験を回避し、できるだけ短期間でiPS細胞に必須な遺伝子を特定したい。その熱意がもたらしたひらめきだったのでしょう。必要は発明の母。まさにそのとおりです。

セレンディピティーと〝ひらめき力〟

「セレンディピティー」という言葉があります。日本語では、「偶察力」です。字義通り読むと、〝偶然に察する力〟となります。

この言葉は、ペルシャに伝わるおとぎ話『セレンディップの三人の王子』(竹内慶夫・編訳、

2006年、偕成社文庫）に由来します。

三人の王子は国王に命じられて海外へ冒険旅行に出ることになりました。ことがあっては大変と、王子たちは綿密な計画を立てて出発します。ところが、いざ海外に出てみると、見ると聞くとでは大違い。予想もしない災難に巡り会ってしまうのでした。彼らは帰国後、自分たちの経験を生かして、行く手にどんな困難が待ち受けているかもわからない国の統治をうまくこなしていったということです。

つまり、予想もしないことから新たな知見を学び、それを人生に生かすというのがこの物語の教訓です。このおとぎ話から英国の政治家であるホレス・ウォルポール（1717－97）は、「セレンディピティー」という言葉を造ったとされています。1754年のことです。

セレンディピティーは〝ひらめき力〟とは少し意味合いが違いますが、やはり通じるものがあると思います。一所懸命努力を積み重ねていく過程で、新たなアイデアを思いつく。つまり、不断の努力なくして成果なしということだからです。肝に銘じたい言葉です。

3・5 研究のスタイル

さて、ここまでで、研究者に必要な要素は次の三つであることを述べてきました。

・好奇心
・集中力
・継続力

その他に、ひらめき力の話をしましたが、これは研究者に必要な要素ではありません。三つの要素で努力して来た人に訪れる僥倖《ぎょうこう》です。僥倖は「思いがけない幸運」を意味しますが、ここでは単なる幸運とは考えません。つまり、血のにじむような努力を傾注して一つの問題に挑戦し続けた結果、良いアイデアが降って来たと考えるのです。

近代細菌学の開祖ともいわれるルイ・パスツール（1822‐95）はこう言っています。

「幸運は準備された心に宿る」

努力しなかった人には幸運は訪れない。蓋《けだ》し名言です。

好きなテーマについて、集中して長期間考え続ける。これが研究の要諦ですが、研究のスタイルはいろいろあるように思います。宇宙や天体については統一モデルが存在したとしても、研究のスタイルには〝統一モデル〟（「統一」の意味が違いますが……）はないということです。皆さんの好きなスタイルで研究すればいいのだと思います。

たとえば、論文の数はどうでしょう。多いに越したことはありませんが、真の答えから外れた論文を量産しても意味がありません。

他の論文に引用される回数（被引用数）はどうでしょう。被引用数が多いということはその分野で注目されていることを形式的には意味します。ここで〝形式的〟と言ったのは、真理でなくてもトレンディーなテーマを扱ったことで被引用数は増えるからです。

トレンディーだけれども真の答えから外れている例を示しましょう。

私の友人にロベルト・ターレビッチがいます。1996年、私が英国・ケンブリッジの王立グリニッジ天文台に客員研究員として滞在したとき、私の受け入れ担当をしてくれた教授です。彼の研究テーマは活動銀河中心核です。銀河の中心にある超大質量ブラックホールの周囲にガスが回り込みながら落ち込んでゆき、重力エネルギーを解放して強烈な電磁波を放射しているものです。

私たちの住む銀河系の中心部にも、太陽の410万倍もの質量をもつブラックホールがあることがわかっています。しかしターレビッチは、超大質量ブラックホールなどないというのです。多数の超新星爆発がエネルギーの源であるという論陣をはっていました。彼の論文は、正統派の主張（テーゼ）である超大質量ブラックホール説へのアンチテーゼの一つとし

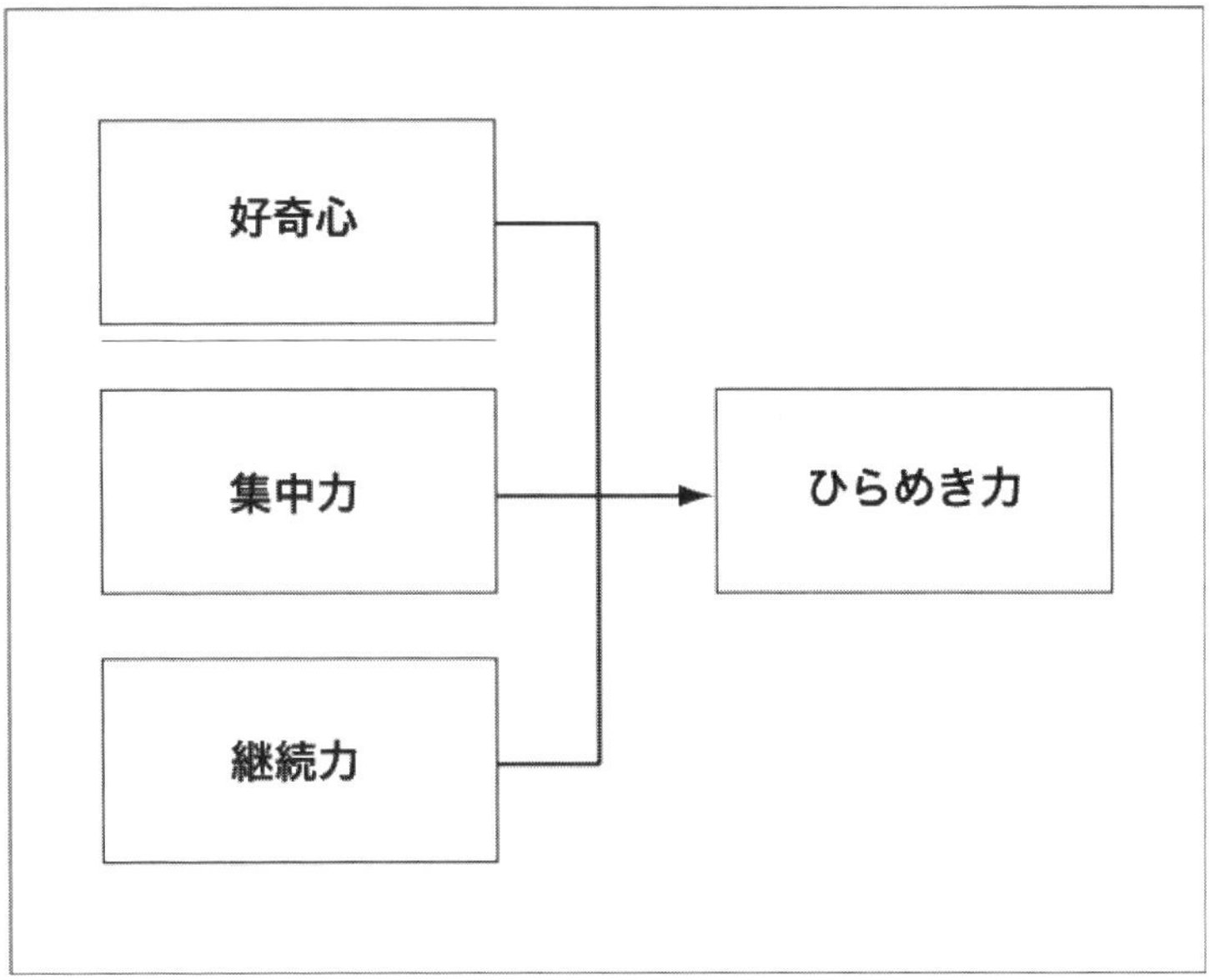

図 52　研究者に必須な〝ひらめき力〟の三つの源泉

て、一時期、よく引用されたことがありました。しかし、ネガティブな意味で引用されているので、引用された回数が多かったとしても、意味はありません[45]。

注45　参考までに、ターレビッチの論文の被引用数は約1万4000回で、私の論文の被引用数は約1万5000回。

この例を挙げて私が言いたかったのは、被引用数が多いことも、優れた研究の証左にはならないということです。

もっとも哲学の中には、ものごとは

テーゼ（＝正）
←
アンチテーゼ（＝反）
←
ジンテーゼ（＝合）

という風に発展するもので、その意味でアンチテーゼにも歴史的意味があるという考え方（弁証法哲学）もあるので、アンチテーゼの果たす役割をやみくもに否定し去るべきものでないことも、また事実です。

真理の追究には長い時間がかかるものです。その意味では、時代に流されず、あるいは流行に左右されることなく、自分の信じることを追求して、研究していくしかないのです。

このように、真の意味で良い研究をするのは非常に難しいものです。そこで、少し視点を変えて、研究スタイルについて考えてみることにしましょう。実のところ、研究者にはさまざまなタイプがいます。大雑把に分類して、紹介しましょう。

［1］本質的な課題について少数の論文で勝負

帝政ローマで活躍したギリシャ人文人プルタルコスによるギリシャやローマの有名人の伝記集『プルターク英雄伝』（河野与一訳、岩波書店、刊年不詳）第三巻に次のような一文があります。

「昔画家のアガタルコスが絵画を制作する速さと容易さを誇るのを聞いてゼウクシスは、

『私は長く時を掛ける』

と言ったということである」

研究の世界でも〝アガタルコス派〟と〝ゼウクシス派〟がいます。天体の真理を見極めた1報の論文と、真理を見極めない100報の論文があったとします。どちらが良い論文でしょうか？

答えは自明です。見極めた一つの論文です。生涯でその一つの論文しか出版しなかったとしても、その研究者は偉大です。つまり、時間をかけて質の高い論文を書く方が、常識的には重要です。

米国エール大学のリチャード・ラーソン（存命、生年不詳）は〝ゼウクシス派〟に属する天文学者の一人です。

１９６０年代の終わりから70年代の初めに掛けて出版したわずか３本の論文で天文学の世界に不朽の業績を残し、確固とした地位を築いた人です。私も大学院時代に彼の論文を必死になって読んだ記憶があります。星と銀河の形成を扱った論文で、不思議なテイストが漂う、独特の論文でした。理論の論文なのに、難しい式が出てくるわけでもありません。図もほとんどありません。哲学、あるいは思索と呼んだ方が良いような論文でした。未だかつて、ラーソンの書くようなスタイルの論文を他に見たことがありません。しかし、ラーソンが〝業界〟の大御所とみなされるようになったのは、間違いなくこれら初期の三つの論文によってなのです。

じつはラーソンを有名にした3報の論文は本人の博士論文が基になったものでした。つまり、論文デビューで大成功をおさめたのです。したがって、だれもがラーソンのやり方を真似ることは一般には非常に難しいでしょう。

今の時代、研究者としての定職を見つけるには、多数の優れた論文を書き続ける必要があります。ラーソンの3論文が定年間近に出たものならば、彼は天文学者としての地位を得るチャンスもなく、消えていったことでしょう。世間的栄華の観点からは、「ラーソンは不運な人生を送った」という評価になるのかもしれません。

本質的な課題を扱った少数の論文で勝負するのは理想型ですが、すべての若手研究者にそれができるわけではありません。若い頃は状況を見ながら判断し、対処しなければ、学者への道はありません。

[2] 多岐にわたる課題について多数の論文で勝負

世の中には本当に優れた人がいるものです。物理学、数学、天文学の理論に通暁して、さまざまな天文学分野について研究を展開している天文学者も少なからずいます。〝言うは易く、行うは難し〟ですが……。

筆頭にあげられるのは、英国・ケンブリッジにある天文学研究所長のマーティン・リース卿（1942‐：**図53**）です。今までに約500報の論文を世に送り、被引用数は5万回に迫っています。宇宙論、銀河形成論、超大質量ブラックホール、ガンマ線バーストなど、広汎な分野をカバーしていますが、どの分野でもオピニオン・リーダーたるにふさわしい発言力を発揮し、英国天文学界の道しるべとなっています。新たな天文現象が観測されると、時間を措かずに理論モデルを提案するなど、超秀才ぶりを発揮する研究者として知られています。私も、ケンブリッジで客員研究員をしているときお会いしたことがありますが、穏やかな物腰の中に、オーラを漂わせた人でした。

ケンブリッジの天文学研究所には、もう一人の超秀才がいます。アンディー・ファビアン（1948－　）がそうです。ファビアンはX線天文学で活躍している天文学者ですが、理論でも観測でもすぐれた嗅覚を発揮する研究者で、論文数たるや1000報を超える〝多産家〟ぶりを見せています。被引用数も約6万件を数える多さです。

図53　マーティン・リース卿

私もファビアンと共同研究をしたことがありますが、仕事の速さには舌を巻きました。ケンブリッジに滞在していた時、とある研究者仲間からこんな話を聞いたことがあります。

彼らを見て感じることは、頭の中に物理学、数学、天文学の〝引き出し〟がきちんと整理されていて、何か問題を見つけたとき、即座に最も適切な引き出しが開き、答えが取り出せるようになっているということです。ひとたびこの癖が身につけば、論文はどんどん量産されるものです。もちろん、毎日欠かさず研究活動を続けることは必須です。

コンピューター・シミュレーションの分野でも、論文を量産する研究者らがいます。

一言でコンピューター・シミュレーションと言っても、天文学への応用は多岐にわたります。

銀河を相手にする時は、とりあえずは重力多体系の計算をする必要があります。銀河が1000億個の星の集団だとすれば、1000億個の星を考慮して計算すればよいことになります（現状ではまだ難しいですが……）。

ただ、銀河の中には星の材料になる冷たいガスが含まれているので、ガスから星の誕生を取り扱おうとすれば、星だけでなく、ガスの振る舞いを調べる計算コードも必要になります。

また、銀河は星やガスなどの物質の質量の数倍もある暗黒物質（ダークマター）に取り囲まれています。すると、銀河形成のシミュレーションは暗黒物質のゆりかごの中で進化する物質（星とガス）の振る舞いを調べることになり、やはり複雑な手続きが求められます。

ただ、ひとたび計算コードが完成すれば、さまざまな銀河の問題に適用できるので、テーマをうまく選べば論文を量産することが可能になります。

この分野で最近大活躍しているのが米国のフィリップ・ホプキンズ（１９８２-　：**図54**）です。２００８年にハーバード大学で学位を取得したばかりなのに、すでに100報もの論文を発表し、被引用数も1万回を超えています。私は、２０１２年にイタリアのトリエステで開かれた国際研究会でホプキンズ氏と話をする機会がありました。論文発表のペースのすごさから、かなりアグレッシブな人かと思っていましたが、話してみてジェントルな若手研究者だとわかったのは意外でした。ただ、彼の講演には驚かされました。自作のコンピューター・シミュレーションのムービーだけを使った話で30分、聴衆を惹きつけ続けたのでした。シミュレーションをテーマとする講演でも、スライドには普通はいろいろ細かい説明を盛り込みたくなるものです。ムービーだけで講演をこなせるというのは、彼が第一級のストーリー・テラーでもあることの証左です。そんなホプキン

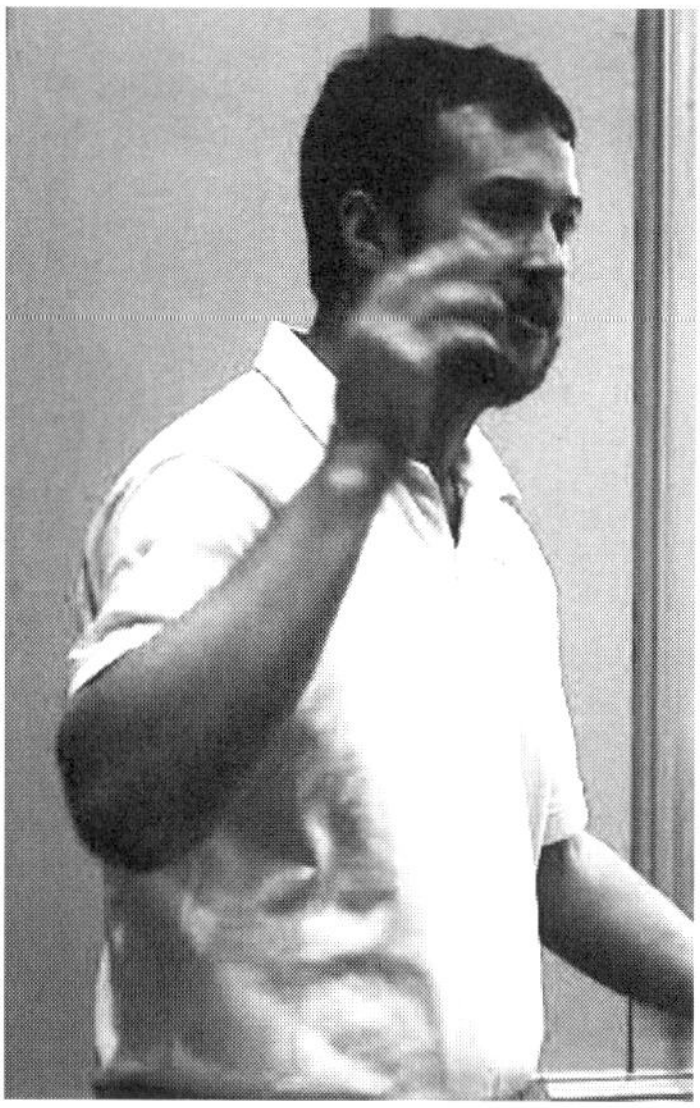

図54　フィリップ・ホプキンズ

ズ氏は、単なる秀才ではない天才の香りさえ漂ってくる青年だったのが思い出されます。

コンピューター・シミュレーションの分野で活躍するには計算コードの開発は必須ですが、他の方法もあります。それを具現化したのが１９９０年代初めに公表された、銀河天文学者・杉本大一郎氏らのプロジェクト「ＧＲＡＰＥ（＝GRAvity piPE）」です。

銀河のシミュレーションのところで述べたように、この種のシミュレーションでやっかいなのは重力多体系の計算です。

仮に1万個の星を扱う場合、1個の星には残り９９９９個の星からの重力の影響を計算しなければなりません。1個の星が終われば、次の星、また次の星という具合に計算を進めていかなければなりません。「ＧＲＡＰＥ」は、この重力相互作用という、距離の逆二乗則での定型的な計算だけを、次から次へと流れ作業的に猛スピードでこなす集積回路（およびその集合体）からなるシステムなのです。この計算に必要な要素演算器（加算・減算、2乗など）を直列に並べた演算経路（パイプライン）を数多く、集積回路上に並列に造り込みハードウエア化してしまうという発想です。

「ＧＲＡＰＥ」からの出力を用いて、恒星一つひとつについて、周囲の星すべてとの逆二乗力の運動方程式を解いていくと、驚くほど効率があがるという算段です。

「ＧＲＡＰＥ」開発者にはハードウエアを占有する特権があるので、論文を量産できるというわけです。一つの分野で成功を収めようと思ったら、従来の手法を墨守していては研究の飛躍は望めないので、どこかでジャンプが不可欠になるということの一例です。

しかし、彼ら開発者が偉大なのは、日々改良を続け、高速化を図ってきたことだけでなく、多数の同じタイプの演算を扱うさまざまな研究分野に応用し、この手法を大きく発展させてきたことです。重力と同様距離とともに逆二乗則で強さが変化する電気力や磁力が数千から数十億個の原子からなる分子の動きを計算する「分子動力学」の分野での「GRAPE」の大活躍がそれを物語っています。

ここで強調しておきたいのは、この「GRAPE」の発想の下地を築いた研究者の存在です。電波天文学者の近田義広氏です。この人こそ、「GRAPE」による天文シミュレーションの飛躍的高速化の祖の名にふさわしいと言っていいでしょう。

近田氏は複数のパラボラアンテナを一つの電波望遠鏡に見立てるシステム（「電波干渉計」といいます）で得られる膨大な数のデータの解析をどう効率化すべきかに心を砕いた結果、画期的な計算手順（「アルゴリズム」といいます）の存在に気がつきました。じつは、このアルゴリズムこそが「GRAPE」のエッセンスにほかなりません。

分野をまたいで研究者らが協力したおかげで「GRAPE」が誕生したのです。希有な例かもしれませんが、研究の奥深さを感じ取ることができます。

3・6　〝パラダイム〟の功罪

「パラダイム」という言葉は、だれもがどこかで聞いたことがあると思います。この言葉自体は古くからあるものですが、この言葉を科学史の術語として最初に用いたのは米国の科学史家のトーマス・S・クーン（1922-96）です。

クーンは、ハーバード大学（戦前）、同大学院（戦後）で物理学を専攻した後に科学史に転向した人。代表的著作『科学革命の構造』（中山茂・邦訳、みすず書房、1971年）を通じて、広く知られるようになりました。

クーンが科学史の分野で「パラダイム」に与えた定義は、

「一般に認められた科学的業績で、一時期の間、専門家に対して問い方や答え方のモデルを与えるもの」《『科学革命の構造』まえがき》

というように、非常に限定された意味においてでした。つまり、ある時代を通じて、ある研究分野（discipline）でどのように問題を立て（つまりテーマを立て）、それをどのように解決するかのお手本（教科書）となる先駆的な研究業績が、クーンの言う「パラダイム」でした（以下、クーンの意味のパラダイムをカギ括弧に入れて「パラダイム」と書くことにする）。

クーンの「パラダイム」で大切なのは、科学革命によって〝がらり〟と入れ換わり（パラダイムシフト）、それら「パラダイム」の間で対話の余地が存在しない、ということです。この状況をクーンは、古代ギリシャの数学が直面した深刻な問題を表現する用語を借用して「不可通訳性[46]」と呼びました。

注46「不可通訳性」は古代ギリシャの数学を論じるときに登場する用語で、たとえば整数である1、2、3、……のいずれかの数と、1辺が1の長さの正方形の対角線の長さを表す数（無理数の一つである$\sqrt{2}$）あるいは他の無理数との両方を割り切る（整序する）ことのできる物差しの単位は存在しないという意味をもっている。クーンは、異なるパラダイムの間の和解不能な関係を、この状況とよく似ていることからそれになぞらえて、「不可通訳性」と呼んだ。

惑星の運動を天動説で説明する場合の説明のしかたと、地動説で説明する場合の説明のしかたとを比べてみれば、おぼろげながらでもその意味がわかるでしょう。以来、天文学ばかりか科学一般（さらには社会科学も含む）の諸分野さえもが、この「パラダイム」が指導原理となって発展を見てきた側面が否めません。いや、クーンによれば、

「ある研究分野が『科学』であるかどうかを判定する基準は、そこに『パラダイム』が見いだせるかどうかにかかっている」

《野家啓一『パラダイムとは何か―クーンの科学史革命』（講談社学術文庫、２０１１年）》

とさえ言えるのです。

ところがこの用語は、次第にクーンの概念規定を逸脱して、一般的用語としてたとえば、

「ある一時代のひとびとのものの見方・考え方を根本的に規定している概念的枠組み」

《『三省堂 スーパー大辞林』》

もっと極端には、上で見た数々の〝じばり〟を取りはずして、たとえば、

「範型」や「手本」や「枠組み」


のように単純化された意味と表現で使用されるのが通例となっています。

こうなると、同じ文字面の〝パラダイム〟という用語を使っていながら、クーンのオーソドックスな「パラダイム」からは想像もつかない、てんでんばらばらな意味の〝パラダイム〟が飛びかうことになります。

もちろん原因はクーンにもありました。科学史や科学思想史に「パラダイム」という言葉をもち込んで日が浅かったため、その定義がピンポイントで定まらず、ある学会での他の研究者の指摘では、『科学革命の構造』第1版には、

「『パラダイム』という用語が21通りもの意味で使われている」

《野家啓一著『パラダイムとは何か――クーンの科学史革命』（講談社学術文庫版、２０１１年）》

ということでした。

科学研究そのものにはなんの影響も生じないためか、それぞれの発言者がそれぞれの印象と感性と思いつきが、多くの〝パラダイム〟を生み出してしまったと言っても過言ではないでしょう。

「パラダイム」、〝パラダイム〟については語るべきことが山ほどありますが、ひとまずこの辺にして、天文学での〝パラダイム〟を見てみましょう。

私が天文学で出会ったパラダイムは、いわゆるドグマ（教義）に近いニュアンスです。じっさい、研究分科（branch）を決め、研究活動を開始すると、だいたいの分科では〝パラダイム〟なるものがあることに気がつきます。

たとえばブラックホールの分科では、

「銀河の中心核には巨大ブラックホールがある。ある種の銀河は、銀河中心核から莫大な放射が出ている。これは巨大ブラックホールにガスが落ち込んだときに解放される重力エネルギー（位置エネルギー）を電磁波に変換して輝いていると考えられている。」

というのがこの研究分科での〝パラダイム〟です。1963年にクエーサーと呼ばれる明るい銀河中心核が発見されて以来、半世紀にわたって、このアイデアが信奉されてきています。私が大学院生の頃、米国でクエーサー理論の研究者に会った時、その人の口から、次のような意見が表明されるのを聞きました。

「このパラダイムが最も可能性が高い。研究者としての時間は短いから、このパラダイムの中でクエーサーを理解しようとしている」

これを聞いた時、私は正直驚きました。通常、「パラダイム」という場合、それはある研究分野（discipline）に適用されるものと考えられ、今日の天文学や宇宙論という科学分野では「ビッグバン宇宙論」がそれに当たると考えられるのに、この研究者はクエーサーという狭い研究分科において、一種類の研究対象の機構モデルに関する仮説やそれに基づく研究手法に〝パラダイム〟という用語を使用していたからです。しかし、もう一つ驚いたのは、次のような事情からです。

確かにそのような意味でも〝パラダイム〟に依拠して研究する方が、研究者共同体での受けは良いでしょう。その研究分科の多くの人がそれを採用して研究しているからです。しかし、その種の〝パラダイム〟では機構の説明のためのモデルなどはたかだか仮説と言ってもよいものです。クーンの言うような「一時期の間」（クーンの言う、「一つの科学革命から次の科学革命まで、その間有効として採用された「パラダイム」に基づいて研究が行われる、そのような期間」〈クーンはこれを「通常科学」の時期と呼んでいます〉に相当します）正しさを持続できる性質のものとは異なり、それぞれの分科でのモデル（仮説）には、いつ何時〝パラダイム〟シフトが起こらないとも限りません。それが自然科学の現実です。

コペルニクス以前は、太陽が地球の周りを回っている（天動説）とだれもが信じていました。古い「パラダイム」です。しかし、17世紀科学革命の端緒とされる「コペルニクス的転回」で、地球が太陽の周りを回っていると考えた方が天空に観察・観測できるさまざまな事実を無理なく説明できる（地動説という、天文学の新しい「パラダイム」）ことに人類は気づいたのです。当時は大変な騒ぎになっただろうことが想像できます。太陽が西から昇る場面を想像した時ぐらいの衝撃が走ったはずです。

今ではだれでも知っていることですが、ティコ・ブラーエ（１５４６‐１６０１）やヨハネス・ケプラー（１５７１‐１６３０）などによる「新星」（今日でいう超新星）の発見と綿密な観測、彗星の観察、さらにはケプラーの理論（惑星の軌道運動に関するケプラーの三法則）の提出などの前に、古い「パラダイム」である天動説はとことん行きづまり、ニュートン力学の体系化（『プリンキピア（自然哲学の数学的諸原理）』）とそれに基づくハレー彗星の回帰時期の予言の正しさの実証によってとどめを刺されました。

以上を踏まえてのパラダイムに関する私の個人的な意見は、

『『パラダイム』も〝パラダイム〟も、頭から信じるべからず』

です。

とはいえ、いずれの意味でもパラダイムを学ぶことは必要です。また、目前にあるパラダイムは、それまでに得られているデータを説明できる限りで、正しいと言えるかもしれません。しかし、宇宙が本当にそれを選んでいるかどうかは、とことん調べきるまでわからないものです。「パラダイム」の場合は、それが矛盾をはらめばその「パラダイム」を金科玉条とする研究分野全体の存続が危ぶまれ、ひいては新しい「パラダイム」の登場につながるし、〝パラダイム〟の場合でも、矛盾の顕在化は、当該分科の有力なモデルの正当性が瓦解し、新しいモデルの提案に直結するわけです。

要するに、確かな観測事実を積み上げる作業を根気よく続けて、矛盾が生じないかどうかをよくよく考えてみるのが、研究の王道だと考えてよいでしょう。

話は科学から若干逸れますが、将棋界の羽生善治四冠（2015年9月現在、名人、、王位、王座、棋聖）は、

「定跡にも間違いはある」

《羽生善治著『決断力』（角川書店、2005年）》

と語っています。定跡にも、どこかパラダイムと似たところがあると言えなくもありません。
また、羽生四冠はこうも言っています。

「常識を疑うことから、新しい考え方やアイデアが生まれる」《同前》

けっきょく科学者は、一般に流布されていることや信じられていることを無批判に採用してはいけないということです。これはどの世界にも通用する鉄則のはずです。

定跡に頼れば無難な闘いはできるでしょう。しかし、オリジナルなアイデアで勝負して勝った時のような高揚感は得られないのではないでしょうか。

〝パラダイム〟に寄り掛かって研究をするというのは、〝寄らば大樹の陰〟の発想そのものです。研究論文は書きやすいでしょうが、やはり達成感は希薄だと思います。

湯川秀樹博士の言葉を再び借りれば、

「真実はいつも少数派」
《出典不詳》

です。今までに発表された論文に書かれていないことが真実だと思っているからこそ、研究というビジネスが成立しています。大海に小舟を出すような気持ちで研究をする方が真実に辿り着ける確率は高いはずです。

3・7　オリジナリティーとは何か？

研究者に要求される要件の一つに独創性（オリジナリティー）があります。よく言われることは、

「日本人は、まねごとはうまい。」

だが、

「独創性はない」

です。歴史的には明治維新以降、欧米の科学的知識や技術を導入し、それをうまく応用してさまざまな製品を生産してきた経緯があります。

しかし、この歴史を１９４０年代にブレークしたのが、ノーベル物理学賞に輝いた湯川秀樹博士（**図56**）です。原子番号が1の水素の原子核は陽子が1個です。原子番号が2のヘリウムになると、原子核は陽子と中性子を2個ずつもっているものが最も多く、陽子と中性子の合計（質量数）は4個。原子番号が6の炭素になると最も多い原子核は陽子と中性子が6個ずつあり、質量数が12にもなります。

物理学者が明らかにしたところによれば、陽子は非常に安定（その後の理論で、その寿命

図56　湯川秀樹博士

は少なくとも宇宙の年齢を大きく上回ることが知られた）なのに対し、質量が陽子とほとんど変わらない中性子の方は、1個だけ放っておかれると、平均寿命はおおよそ15分と短く、壊れやすいのです。ところが、原子核になると陽子や中性子は強く結合して、安定していられます。なぜでしょうか？　原子核の中で陽子や中性子はどんな力で結合しているのでしょうか？　湯川博士はこの問題について考えていました。

そしてある日、博士の脳裏には天啓のように一つのアイデアがひらめきました。

「陽子や中性子をしっかりとつなぎ止めている謎の粒子があるのではないか？」

と。

湯川博士が後年新聞に連載（1958年、『旅人　ある物理学者の回想』として朝日新聞社より刊行）した自伝的小説『旅人』に次のように記しています。

「ある晩、私はふと思いあたった。核力は非常に短い到達距離しかもっていない。それは、10兆分の2センチメートル程度である。このことは前からわかっていた。私の気づいたことは、この到達距離と、核力に付随する新粒子の質量とは、互いに逆比例するだろうということである。こんなことに、私は今までどうして気がつかなかったのだろう」

その粒子は「中間子」と名付けられ、理論は1936年に発表されました。その後、37年、中間子（ミュー中間子と言う）は、湯川博士が予言した、今で言うパイ中間子ではありませんでしたが、理論を整備することで「ミュー」も「パイ」の同類であることが判明、「発見された」ことが確認されて、湯川博士の理論が裏付けられました。

湯川博士のこのアイデアは、素粒子の理論を一変させました。

湯川中間子論が生まれた背景の詳細は、量子力学の展開を歴史的に追った本、たとえば高林武彦著『量子論の発展史』（1997年、中央公論社）などを見ていただくとして、ここでは次のことだけを記しておきます。

近代のある時期から、「光の本性」の問題（＝光は波か粒子か）とならんで「自然界の力の本性」（以下「力」と書きます）に関する議論（＝瞬時に伝わる遠隔力か、伝達に時間がかかる近接力か）が、科学者たちの関心事になり始めました。

20世紀に入り、「光は粒子か波動か」の問題はあらゆる粒子についての議論へと一般化されてゆき、けっきょく、「粒子は波でもあり、波は粒子でもある」つまり「粒子と波の二重性」という形で決着をみたのでした。つまり、電子など、それまで粒子とばかり考えられてきたものは、光とは逆に、波でもあり得るという理解が生まれました。

一方、「力」については、20世紀、原子物理学の発展期に、4種類（「重力」「電磁気力」のほか、原子核の構成粒子同士を結びつけている「強い力」と原子核が電子を放出（β崩壊）するときの原因力＝「弱い力」の四つ）があることが示され、「力」はそれぞれに特有な粒子が高速で〝キャッチボール〟されて生じると理解されるようになりました。そのような見方によって最初になされたのが、電磁気力の理論による原子構造の説明でした。そこでは、光の粒子が〝キャッチボール〟されることで電磁気「力」が生じるという像が浮かび上がりました。湯川中間子論のオリジナリティーは、そうした理解を背景に生まれたのでした。

「やはり核力にも電磁気力での「光子」に相当する粒子が想定されるのではないか？」との発想と、先に見た、核力が「10兆分の2センチメートル程度」の到達距離しかないということとから、この力を仲立ちする未知の粒子のプロフィールを考え出しました。その未知の粒子こそが「中間子」だったのです。この理論が論文として発表されたのが1935年。

電磁気力にかかわる「光子」はすでに自然界に存在が確認されていた粒子だったのに対して、湯川博士の「中間子」は、本当に自然界に存在するかどうかも確認されていない、架空の粒子だったというところに湯川の中間子理論の特徴があります。このように、素粒子の新しい現象の背後に何か新粒子の存在を想定してみるという研究手法は、今では素粒子物理学の常とう手段となっていますが、当時はニュートリノの予想くらいしか例がなかったのです。

科学の世界で、もう一つ、日本人のオリジナリティーが発揮されたのは和算。中国の数学の影響を受けて日本独自の発展をとげ、江戸時代に花開いた分野です。吉田光由《みつよし》（１５０８－１６７３）や関孝和《たかかず》（１６４８－１７０８）が代表的な和算学者で、レベルは非常に高く、国際的にも高く評価されています。

江戸時代の庶民にも算数マニアが各地に結構いて、難問を考えては神社やお寺に算額として奉納するのが普通でした。その際、解答を書かずに奉納します。解答を見つけた人が解答を奉納し、さらに新たな問題を算額として奉納します（遺題継承）。中には、神社に出向き、道場破りの如く、問題を解きに出かける人もいます。遊歴算子と呼ばれる人たちです。

このように庶民レベルで算数ごっこを楽しむ国民は、世界広しといえども日本ぐらいではないでしょうか。科学したり数学したりするＤＮＡは私たちの中に継承されているはずです。じつは、著者の勤務先がある愛媛県でも、神社やお寺に合わせて30を越える算額があるそうです。中には、160年間解けなかった難問を、最近になって解いたという例も報告されています。愛媛大学の平田浩一教授が解いた問題で、コンピューターでは解けず、けっきょく、江戸時代の和算の本の中にあったヒントを利用して解いたそうです。

また、愛媛県松山市の伊佐爾波《いさにわ》神社には22枚の算額があり、所蔵数は国内最多です。民間のものとはいえ、こんな身近にすぐれた知的遺産が広く知られずに眠っていたことに気がついたときは、正直、新鮮な衝撃でした。「灯台下暗し」とはよく言ったものです。

ここで改めて、オリジナリティーとは何かについて考えてみましょう。

少なくとも科学の分野で考える限り、この概念の意味に、英和辞典に時々登場する「奇抜」とか「風変わり」とか「突飛」という言葉はふさわしくありません。やはり、もっと奥の深いところにオリジナリティーの神髄があるはずです。

パーソナル・コンピューターのオペレーティング・システム（基本ソフト）を開発した米・マイクロソフト社の創業者の一人で現・会長でもあるビル・ゲイツ氏（1955‐　）はこう言っています。

「最初にそのアイデアを聞いた人が、『何を言っているんだこいつ』と大笑いするぐらいのアイデアでないとだめだ」《出典不詳》

これは、革新的なアイデアのことを意味しています。一つ先のアイデアは未知の世界です。殆どの人が気づかない世界がそこにあります。これも一つのオリジナリティーの形です。ただ、革新的なアイデアは突然湧いて出てくるものではないということを、肝に銘じるべきです。突飛なアイデアは本当は、普通のアイデアのすぐ先にあるものです。ただ、だれも考えないから見えないのです。

私はいつも思っています。千里の道も一歩からです。私たちがやるべきことに、あまり変わりはないはずです。一歩を踏み出すかどうか、にかかっているように思えてなりません。それが世界を席巻する画期的な新商品（新しい研究成果）になっているのです。

・基本原理からの出発
・信じることをやり続けること
・得られた結果を世に問うこと

＊　＊　＊

画面を拡大して、大きな字にして読んでみたい。そのとき、人はどういう行動に出るだろうか。親指と人差し指を近づけ、二つの指の間隔を広げる。すると、イメージ通り画面が拡大される。まさに私たちの願いです。それを実現したのがアップル社のｉＰａｄです。ｉＰｈｏｎｅも然り。願った形を現実にする。それが王道だということです。

3・8　虚心坦懐《たんかい》

研究は一朝一夕に実を結ぶものではありません。来る日も来る日も、努力を積み重ねて成果が出てくるものです。ひょっとしたら、成果がでない場合すらあります。どの仕事もそうですが、最終的には自己責任の世界です。自分の信じた道（研究テーマ）を追求する以外、方法はありません。まさに、虚心坦懐に仕事をするだけです。

京都の下京区にある真宗佛光寺派本山・佛光寺の塀に毎月標語が出ます。その一つです。

サビは鉄から生まれて鉄を腐らせる／愚痴は人から生まれて人を腐らせる

研究をしていると、失敗することはよくあります。それを他人のせいにしてはいけません。自分がやって失敗したのであれば、その責任はやはり自分にあるのです。愚痴を言ってはいけない。これは肝に銘じておきたい言葉です。

最後は江戸幕府の儒官であった佐藤一斎（1772－1859）の言葉で締めくくることにしましょう。

〝一燈を提げて暗夜を行く。
暗夜を憂うることなかれ。
ただ一燈を頼め。〟

《『言志晩録』十三条》

あとがき

半ば自伝的な文章で、天文学者の仕事を解説させていただきました。振り返ってみれば、ずいぶん多くの方々に支えられて研究生活の道に入り研究者としてやってこられたのだと感じ入りました。いままで支えてくださった方々全員に深く感謝したいと思います。

第二部では少し天文学の雰囲気を楽しんでいただけるよう試みましたが、全体としては「いかにして天文学者になるか」がメインテーマです。気をつけていただきたいことは、本書で紹介されていることは、あくまでも私個人のケースについてであることです。百人の天文学者がいれば、百通りのケースがあるということにご留意ください。ただ、類書は見かけないので、本書が天文学者に興味のある方にとって、少しでも役に立ったとすれば望外の幸です。

末尾になり恐縮ですが、本書を上梓するにあたり、海鳴社の皆様、特にフリーランス編集者・科学ライターの木幡赳士《こわたたけお》氏に深く感謝致します。

諸原理#mediaviewer/File:NewtonsPrincipia.jpg/1687年刊：ケンブリッジ大学トリニティーカレッジのC.レン図書館所蔵)、図4（出典＝http://ja.wikipedia.org/wiki/アルベルト・アインシュタイン#mediaviewer/File:Einstein1921_by_F_Schmutzer_2.jpg)、図50（出典＝http://en.wikipedia.org/wiki/John_C._Mather#mediaviewer/File:John-C-Mather.jpg)、図51（出典＝http: //ja.wikipedia.org/wiki/ウィリアム・ハーシェル#mediaviewer/File: Herschel_40_foot.jpg)、図53（出典＝http://en.wikipedia. org/wiki/Martin_Rees,_Baron_Rees_of_Ludlow#mediaviewer/File:Martin_Rees-6Nov2005.jpg)、図55（出典＝http://upload.wikimedia.org/wikipedia/commons/7/7b/Yukawa.jpg)、図56（出典＝http://upload.wikimedia.org/wikipedia/commons/5/5f/Sangaku_at_Enmanji.jpg)

■ 当該天文台・研究機関の許諾の上掲載

以下の番号の図版/写真は、国内・国外の天文台・研究機関の許諾を得て掲載。

図9(国立天文台 岡山天体物理観測所提供)、図14(長野県三岳村(東京大学木曽観測所提供)、図15（東京大学木曽観測所提供)、図16（木曽観測所提供)

図11（出典＝Atlas of Peculiar Galaxies H. Arp (Pasadena, California Institute of Technology))、図17（出典＝http : // www.radionet-eu.org/fp7/sites/radionet-eu.org/files /cms /images/JCMT. jpg)、図21（出典＝http: //www. esa. int /spaceinimages/Images/2001/01/ISO)、図22（出典＝http: //www.esa. int/Our_Activities/Operations/Villafranca_station)、図37（出典＝http :// alma.mtk.nao.ac. jp/j/multimedia/picture/alma/)

■ 以下の番号の図版/写真は、hubblesiteの許諾により掲載

図28（出典＝http://hubblesite.org/gallery/spacecraft/28/)、図30（出典＝http: //hubblesite. org/ newscenter/ archive/releases / 2000/07/image/b/)、図31（出典＝http: // imgsrc.hubblesite. org/hu/db/images/hs-2000-07-c-full_jpg. jpg)

■図版／写真 出典

■ 著者作成／撮影

以下の番号の図版／写真は、著者作成／撮影による。

図2、図3、図4、図8、図10、図12（出典＝Publication of Astronomical Society of Japan Vol. 33, 653（1981））、図13（NASA, Marshall Space Flight Center, Paired and Interacting Galaxies: International Astronomical Union Colloquium No. 124; p 759-763 発表レジュメ／アーカイブ＝http://ntrs.nasa.gov/archive/nasa/casi.c.nasa.gov/19910007650.pdf）、図18、図19、図20、図23、図24、図25、図26（出典＝http://subarutelescope.org/Pressrelease/2002/08/08/j_index.html）、図27、図29（著者等の「日本天文学会2015年秋季年会記者発表資料「突然、星を作らなくなった銀河の発見-100億年前、銀河に何が起こったのか?-」より）、図32、図33（Richard Masey作）、図34、図35、図36、図38、図39、図40、図41、図42、図43、図44、図52、図54

■ ウィキメディア・コモンズの定めにより掲載

以下の番号の図版／写真は、ウィキメディア・コモンズの規定により出典明示の上、掲載。

図1（出典＝http://ja.wikipedia.org/wiki/ファイル:Asahikawa_Museum_of_Sculpture.JPG）、図5（撮影=Carl Van Vechten/出典＝https://commons. wikimedia.org/wiki/File:Maugham_retouched. jpg）、図6（出典＝https://ja.wikipedia.org/wiki/小林多喜二#/media/File:Takiji_Kobayashi.JPG/三省堂『画報日本近代の歴史10』より）、図7（出典＝http://ja.wikipedia.org/wiki/ファイル:MtTaihakusan-fromKuzuokaReien.jpg）、図45（出典＝https://commons.wikimedia.org/wiki/File:Dungbeetle.jpg?uselang=ja）、図46（出典＝http://ja.wikipedia.org/wiki/トーマス・エジソン#mediaviewer/File:Thomas_Edison2.jp）、図47（出典＝http://ja.wikipedia.org/wiki/アイザック・ニュートン#mediaviewer/File:GodfreyKneller-IsaacNewton-1689.jpg）、図48（出典＝http://ja.wikipedia.org/wiki/自然哲学の数学的

著者：谷口義明（たにぐち　よしあき）

1954年，北海道旭川市生まれ／東北大学大学院理学研究科博士課程修了・理博（84年東北大学 天文学）．東北大学大学院理学研究科助教授（91年）．愛媛大学大学院理工学研究科教授（2006年）・同大学宇宙進化研究センター長／専攻・銀河天文学

主な著書：『現代の天文学　第4巻　銀河I』（07年，日本評論社；共著），『宇宙進化の謎』（11年，講談社），『宇宙の始まりの星はどこにあるか』（13年，角川新書）

谷口少年、天文学者になる

2015年 12月25日　第1刷発行

発行所：㈱海 鳴 社

http://www.kaimeisha.com/
〒101-0065　東京都千代田区西神田２－４－６
Eメール：kaimei@d8.dion.ne.jp
Tel.：03-3262-1967 Fax：03-3234-3643

編　　集：木幡赳士
発 行 人：辻 信 行
組　　版：海 鳴 社
印刷・製本：シ ナ ノ

出版社コード：1097

ISBN 978-4-87525-323-5